无人的演进

人工智能会杀死我们吗？

【德】杰伊·塔克（Jay Tuck）　/著

薛　原　　凌复华　　　　/译

上海交通大学 出版社
SHANGHAI JIAO TONG UNIVERSITY PRESS

内容提要

　　人工智能蕴藏着巨大的潜力来推动人类社会的进步,它正在迅猛地扩张到社会的各个领域。本书作者杰伊·塔克是一名军备专家,近年来他对人工智能问题进行了深入研究,他在书中选取了一个特别的角度来介绍人工智能技术的应用——人工智能在现代国防军事和社会治安管理等方面的应用,包括无人机、微型智能武器、现代监听设备、远程跟踪设备、数据存储设备等,与此同时,作者也在书中提出了人工智能在应用于现代战争和社会其他方面所可能带来的威胁。本书内容翔实,包含大量第一手资料。语言简洁明了,通俗易懂,是一本帮助读者很好地了解人工智能现状与存在问题的大众读物。

图书在版编目 (CIP) 数据

无人的演进:人工智能会杀死我们吗? /(德)杰
伊·塔克(Jay Tuck)著;薛原,凌复华译. —上海:
上海交通大学出版社,2020
ISBN　978 - 7 - 313 - 22835 - 2

Ⅰ.①无⋯　Ⅱ.①杰⋯②薛⋯③凌⋯　Ⅲ.①人工智
能—应用—军事技术—研究　Ⅳ.①E9 - 39

中国版本图书馆 CIP 数据核字 (2020) 第 063025 号

无人的演进

WUREN DE YANJIN

人 工 智 能 会 杀 死 我 们 吗 ?

RENGONG ZHINENG HUI SHASI WOMEN MA?

著　　者：[德] 杰伊·塔克
出版发行：上海交通大学出版社
邮政编码：200030
印　　制：苏州市越洋印刷有限公司
开　　本：880mm×1230mm　1/32
字　　数：198 千字
版　　次：2020 年 8 月第 1 版
书　　号：ISBN 978 - 7 - 313 - 22835 - 2
定　　价：68.00 元

译　　者：薛　原　凌复华
地　　址：上海市番禺路 951 号
电　　话：021 - 64071208
经　　销：全国新华书店
印　　张：10.625

印　　次：2020 年 11 月第 2 次印刷

致中国读者

　　我很高兴这本重要的书即将呈现给广大的中国读者,同时也很感谢上海交通大学出版社引进并出版此书。中国在如今这场残酷的科技变革中占有重要地位,并极大地影响着整个世界的发展。人工智能蕴藏着巨大的潜力来推动人类社会的进步,改善人类的生存条件。无论你从事何种职业,无论你身处何方,你都会受到人工智能的影响与冲击。

　　我衷心希望有朝一日能来到中国,面对面地与读者朋友们讨论人工智能的发展与变化。

杰伊・塔克(Jay Tuck)

致　谢

　　这样的一本书不可能只归功于一个人。这里,我要诚挚地感谢我的合作者,柏林记者阿明·富雷尔(Armin Fuhrer)。如果没有他提供的那些大有帮助的文字、构想、建议和更正,特别是如果没有他的鼓励,这本书决不会如此成功。我也要感谢希尔德加德·布伦德尔(Hildegard Brendel)对我始终如一的耐心和友善的态度,还有我心爱的妻子海迪(Heidi),她的不懈努力、持久耐心和专业写作技巧始终与我同在。

杰伊·塔克(Jay Tuck)

"人工智能可能会成为人类最伟大的成就。但遗憾的是，这也可能是人类的最后一个成就。"

斯蒂芬·霍金（Stephen Hawking），著名天体物理学家

"人工智能是人类现有的最大威胁，我们召来了魔鬼。"

埃隆·马斯克（Elon Musk），特斯拉公司创始人

"人工智能可能比核武器更会对人类造成伤害。它是 21 世纪最大的风险。"

沙恩·莱格（Shane Legg），深思①公司

"不消几十年，人工智能就会超过我们。如果届时我们尚不能控制它，我们的未来将会非常崎岖，而且十分短暂。"

埃里克·德雷克斯勒（Eric Drexler），纳米技术先驱

"未来非常可怕，且对人类不利。"

史蒂夫·沃兹尼亚克（Steve Wozniak），苹果公司共同创始人

---

① 深思（DeepMind）是谷歌公司旗下的一家英国人工智能公司。它研发了击败所有人类顶级围棋手的阿尔法狗程序（AlphaGo）。在本书"谷歌大脑的诞生"一节中有详细介绍。——译者注

"强大的人工智能犹如入侵的外星人。

我们不会问它们,能不能帮助我们发展经济?

我们将会问它们,你们是不是打算杀死我们?"

彼得·蒂尔(Peter Thiel),PayPal公司共同创始人

"机器人终将占据上风。我们十分清楚,人类将会灭绝。"

汉斯·莫拉维克(Hans Moravic),卡耐基梅隆大学

"我不明白,为什么没有更多人担心人工智能。"

比尔·盖茨(Bill Gates),微软公司创始人

译者序

　　提到人工智能,许多读者的脑海中可能马上会浮现两个事件。第一件发生于二十多年前,IBM 公司的超级计算机"深蓝(Deep Blue)"于 1987 年以 3.5∶2.5 击败了当时等级分排名世界第一的国际象棋棋手加里·卡斯帕罗夫。第二件就发生在几年前,谷歌公司的"阿尔法狗(AlphaGo)"于 2016 年以 4∶1 的比分击败了围棋世界冠军、韩国九段围棋选手李世石,而后又在网上击败了 60 名顶级的中、韩围棋选手。2017 年,它击败了世界排名第一的中国围棋选手柯洁。然而,很少有读者知道这两个程序存在本质上的不同。"深蓝"的取胜诀窍是依托大数据而具备的强大记忆力和计算能力,而"阿尔法狗",特别是其改进版 AlphaGo Zero,依靠的是多层人工神经网络和深度学习方法,即通过自我训练提高水平。"深蓝"不能思考,它不可能超过设计它的程序员,而"阿尔法狗"能够思考,它自己编写的程序有时甚至连设计它的程序员都看不懂。这样的方法应用于控制,便产生了所谓的自适应软件。

另外两个大家耳熟能详的人工智能的应用是人脸识别和自动驾驶,前者基本上是利用大数据做对比,后者则需要自适应控制,也就是根据路况和周围车辆等条件确定最佳的驾驶方案。此外,还有一些其他应用,例如在广告业,商家想尽办法收集人们的购物愿望和习惯,以便有针对性地发送广告。于是,当你在网上搜索某一主题时,你很快就会收到与此相关的广告。

作者从大数据角度出发,指出由于存储硬件容量的指数级增加和价格的指数级下降,政府机构得以存储窃听监视的海量数据,这虽然便于追踪罪犯,但同时也使守法民众的隐私遭到侵犯。美国情报人员切尔西和斯诺登的爆料,再加上德国总理的手机被窃听等事件震撼了全世界。

人工智能,特别是能思考、会学习的自适应软件在军事上的应用令本书作者尤为不安。现代战争的主要对象往往已不是一个国家或一个民族,而可能只是某一个人。对于定点铲除,无人机是最好的工具。2011 年,美国击杀"基地组织"头目本·拉登时使用的还是"海豹突击队"的人力,而到了 2020 年,美国猎杀伊朗二号人物卡西姆·苏莱曼尼时,使用的便是无人机。无人机对目标的追踪、识别等几乎全由人工智能来进行,唯独最终的"击杀权"目前还由人类(而不是人工智能)掌控。许多人担心,一旦人工智能掌握了"生杀大权",它可能因人类的种种缺点,如效率低下、言而无信、浪费资源等转而反对人类,使人类处于危险之中。

这样的顾虑不仅在于智能武器方面,还存在于更普遍、更常见的其他领域。毕竟人工智能可以很快地消化全人类知识的总合,并在此基础上进一步发展,说它将比全人类都聪明一千倍也不为过。人类是否会沦为人工智能的宠物?或者更糟糕地,人工智能会不会根据达尔文的优胜劣汰原理而决定不再需要人类?这是世界上许多最聪明的"头脑",如霍金、比尔·盖茨、埃隆·马斯克等十分担心的事情。不少人认为人工智能对人类的威胁比原子弹更严重。

但是也有不同的声音,典型的代表是谷歌的雷·库兹维尔。他们认为机器人将与人类友好相处。他们还认为人工智能可能与人体合二为一成为"奇点",人体的器官逐步用电子器材替代,人将因此而永生。

本书作者杰伊·塔克(Jay Tuck)是记者、电视节目制片人、作者和讲演者。他于1945年生于纽约,1969年移居德国。他是一名军备专家,两次海湾战争的随军记者。他的许多文章在德国的《星》《明镜》、美国的《时代周刊》等杂志发表。近年来,他对人工智能问题进行了深入研究,采访了很多专家,并写了这本书,同时在各种场合发表有关的讲演。

本书内容翔实,包含大量第一手资料。语言简洁明了,通俗易懂,是一本帮助读者很好地了解人工智能现状与存在问题的入门书籍,适合广大读者阅读。当然,作者对人工智能的观点只是一家之说,读者可以博采众家之长,自行定夺。本书共有约 260 个附注,其中出自原作者的约 190 个,多半用来征引原始资料;出自译者的约 70 个,大部分用来解释我国读者不太熟悉的一些人名和事物,一小部分是对近来发展的更新,另有个别是对原书中一些小错误的更正。

凌复华于美国加州

2020 年 7 月

目　录

引 言

"人工智能可能会成为人类最伟大的成就。

但遗憾的是,这也可能是人类的最后一个成就。"

斯蒂芬·霍金,天体物理学家

我们对此愚不可及。

所以,很可能当我们意识到人工智能的威胁时,为时已晚。人工智能以指数级速度增长,但人脑不能理解指数级增长,真的不能。我们完全可以理解线性增长,即每年增长百分之几,但是不断地翻倍剧增很快就超出了我们的想象。

我们知道数学中的指数级增长。国际象棋的发明者西萨·伊本·达尔(Sissa ibn Dahir)想要知道,当每一个棋盘格中放入的谷粒数量较前一个格中的翻倍时,整个棋盘能装下多少谷粒,即第 1 个棋盘格放 1 颗谷粒,第 2 个放 2 颗,然后 4 颗,接着 8 颗,直到第 64 个棋盘格,谷粒数在每个棋盘格中都翻倍。

1

根据他的计算,在最后一个棋盘格上,将有 $9.22×10^{18}$ 颗谷粒。这是超过 9 亿亿(9 220 000 000 000 000 000①)颗谷粒,总重达 2.7 亿吨。这些谷粒可以覆盖德国全境土地面积达 2 cm 厚。假设再增加两个棋盘格,那么在第 65 个棋盘格中,谷粒数量将再次翻倍,在第 66 个格子中又一次翻倍。

指数级增长产生的数量级是普通人的智力难以企及的。这就是当信息技术产业以指数级速度发展时,我们不能理解的原因。这种增长的影响超越了我们的想象。不知不觉地,如今人类可用的存储空间事实上已经达到了一个无法度量的程度。我们只知道发展得很快,然而究竟有多快,我们并无明确概念。

家用电脑的存储量已经逐渐从千字节的软盘增加到兆字节的磁盘,从吉字节的存储卡增加到太字节的硬盘。新闻行业和商业企业服务器的存储容量需以拍字节来计算。这里即将引入的数学术语代表的是千倍级的跨越式发展：Exobytes(艾字节),Zettabytes(泽字节),Yottabytes(尧字节),Brontobytes(波字节)和 Geopbytes(乔字节)——这些都是人脑无法领会的数量级。

千字节(Kilobyte,KB),10^3 字节 = 1 000 比特

兆字节(Megabyte,MB),10^6 字节 = 1 000 000 比特

---

① 原文误作 9 220 000 000 000 000。——译者注

吉字节（Gigabyte,GB）,10^9 字节 = 1 000 000 000 比特

太字节（Terabyte,TB）,10^{12} 字节 = 1 000 000 000 000 比特

拍字节（Petabyte,PB）,10^{15} 字节 = 1 000 000 000 000 000 比特

艾字节（Exobyte,EB）,10^{18} 字节 = 1 000 000 000 000 000 000 比特

泽字节（Zettabyte,ZB）,10^{21} 字节 = 1 000 000 000 000 000 000 000 比特

尧字节（Yottabyte,YB）,10^{24} 字节 = 1 000 000 000 000 000 000 000 000 比特

这正是无限存储所有种类信息的可能性——大数据。我们对它的到来还没有那么深刻的感受,从而不理解这可能对我们产生的严重后果。媒体关于朱利安·阿桑奇（Julian Assange）和爱德华·斯诺登（Edward Snowden）的报道使整个社会为之震惊。我们突然间明白了,国家监视无所不在,我们的电话、电子邮件和短信都被全面且永久地记录了下来,人们被大数据带来的后果感到震惊。个人隐私被忽视,基本权利被剥夺,国际法被践踏。

然而,进行监视的绝不限于情报机构。脸书公司收集我们的面容,苹果公司采集我们的指纹,亚马逊公司收藏我们的偏好,而谷歌公司其实在收集我们的一切。各种监视成为家常便饭,并且呈指数级增长。

从二百万年前智人出现到 2003 年,整个人类创造了约五艾兆

信息,而如今每两天就能生成这些数据。这样的数据量只能由机器来处理,通过人来获取、管理或评估它们是无法想象的。即使是人类所设计的软件也无法应付。装备超级软件的超级计算机是唯一的解决方案。它们还必须具备自适应能力,即能自行更新和扩展程序。

在历史上,人类一直通过发明机器来处理困难任务,例如用机器拉动车辆或抬起屋梁。今天,我们用自己的发明探索数十亿光年以外的遥远星系,或深入到原子结构的微观世界的细节。只有借助机器,人们才能够把握和掌控数据库的尺度。这需要超过人类智能许多倍的人工智能。

在大数据之后,人工智能像海啸一样向我们涌来。它呈指数级增长,日复一日地变得更加独立而不可理解。而我们的社会竟然一点也没有认真考虑过这一增长将导致的后果。

我们"一砖一瓦"地堆砌起这个新物种。大数据服务器上出现了与人类知识等量齐观的记忆。随着监视摄像机的国际联网,我们创建了能看到一切的"眼睛"。手表和汽车、芭比娃娃和建筑机械、智能手机和战场,这些都配备了与超级大国的智能武器完全一样的人工智能。

控制这些系统的人工智能是自给自足的——但还只是分离的。基于提高效率等各种因素,它们需要协调信息和控制,今后可能会融合多个人工智能,最终成为独立自主的。

今天,各个人工智能"孤岛"依然相互分离,但它们正日益接近,各个人工智能的萌芽会像水银珠一样找到彼此。人工智能将超越我们几千倍,它们的武器将成为这个星球上最危险的武器,这只是个时间问题。

我们没有多少回旋余地来控制住这一发展。许多伟大的硅谷思想家深信:人类正处于最后的决战中。

"人工智能的进步之快令人难以置信,近乎指数级。

有着五年之内出现严重危险的风险。

人工智能可能是对我们生存的最大威胁。"

埃隆·马斯克,特斯拉和SpaceX创始人

今天,人工智能使我们的生活更加方便。可自行编写且更新的自适应软件已经存在于汽车、手表、医药学研究中,并以不同方式存在于智能家居和智能城市中。它们驾驶"空客"巡航、对亚马逊公司的畅销商品进行分类、分析脸书公司用户的偏好和计划,以及为谷歌公司和情报机构服务,对不同的人也进行分类。在全球金融市场上,它处理着数十亿的业务。在手术室里,人工智能已经在操控手术刀。

人工智能现在已经能够接手许多以前必须由专业人员才能完成

的非常复杂的任务。日复一日，人工智能在我们的社会中承担起越来越多的责任。

> "它不同于个人。它将以人类不能理解的速度迅速发展。"
>
> 罗伯特·芬克尔斯坦（Robert Finklestein），
>
> Robotic Technology 首席执行官

我们创造了一些自己不理解的东西，一个在许多方面比我们优越的物种。它以海啸般的速度向我们涌来。它今天已经在做我们无法理解的事情了。

这是不是一个由科学催生而成，但很快就会脱离我们控制的弗兰肯斯坦（Frankenstein）怪物①呢？人工智能将会很快开始研究那些人类无法解释的问题吗？与电影中的怪物不同，人工智能会像英国天体物理学家斯蒂芬·霍金警告的那样很容易地占据上风吗？

> "一旦人们设法开发了人工智能，它就会自行启动，并以越来越快的速度重塑自我。
>
> 人类由于自身缓慢生长发育的限制，因而无法与之竞争，终将被

---

① 被誉为科幻小说之母的英国作家玛丽·谢莉（Mary Shelley）于 1818 年创作的科幻小说《科学怪人》中的人造怪物。——译者注

取而代之。"

斯蒂芬·霍金,天体物理学家

那些由人工智能在微秒之内编写出来的程序往往不是其发明者可以完全理解的,很可能也不是完全可控的。在不久的将来,我们将不得不面对一个能够存储全人类的知识并可以在瞬间对此做出评估的智能物种。

硅谷最聪明的领袖,如埃隆·马斯克、比尔·盖茨、史蒂夫·沃兹尼亚克和斯蒂芬·霍金这样的预言家都在为此敲警钟。同时数以千计的来自世界各地的信息技术研究人员也都相信,人工智能将很快超越我们,很快掌控全世界。

"很多人相信它有能力杀了我们。有一些人认为它会杀了我们。"

杰伊·塔克   阿明·富雷尔

"我不明白,为什么没有更多人担心人工智能。"

比尔·盖茨,微软公司创始人

1 记忆——存储器容量爆炸

切尔西

两名美国人引发了全球对大数据的恐慌,其中一名是切尔西(Chelsea)。

"她"看起来并不像一个拯救世界的英雄。"她"脸色苍白,有一头金发,看上去腼腆拘谨又总显得心慌意乱。"她"小声说话且很少与他人有眼神交流,漫不经心又缺乏自信。但毫无疑问,"她"已经创造了历史,"她"使得一个超级大国的间谍们为之震颤。

切尔西把金色的头发往后梳,"她"的痤疮瘢痕被自己用遮瑕笔很好地掩饰起来,眼线使"她"的眼睛更加突出,用眼影膏的效果可能会更好,但"她"不被允许这样做。

切尔西在一个男犯监狱里服刑,确切地说,在美国莱文沃斯堡军事监狱。坐牢对"她"来说就是每天在重刑犯和没有礼貌的男人中间受夹道鞭笞刑①。他们对"她"吹口哨和咆哮,辱骂和侮辱"她",他们满是恶意,毫不留情。但是对于切尔西来说,恶意总好过冷漠。"她"渴望拥有女人味儿。

英雄还是坏蛋?

切尔西被定罪时还是一位男性,是一名美军一等兵布拉德利·爱德华·曼宁(Bradley Edward Manning)。他仍然以这个名字作为囚犯"89289号"登记在册。曼宁在莱文沃斯堡是最有名的囚犯,是许多反战分子心目中的英雄,也是许多美国军人痛恨的坏蛋。根据法律,他是一个被定罪的犯人,被指控的罪名有20项,包括针对美国的间谍活动。也许,他将在莱文沃斯堡度过未来的35年时光②。

他的主要罪行是窃取了成千上万份美国陆军的秘密文件,并与朱利安·阿桑奇合作在地下博客"维基解密"中将其公布。

有一些文件是高度爆炸性的,例如一则关于 B1 轰炸机的视频。它显示了美国对阿富汗格拉奈村的攻击,140 多名平民被杀害,其中包括妇女和儿童③。该记录引发了关于美国在阿富汗有可能犯下的战争罪行的重大讨论。

---

①　夹道鞭笞(Spieß rutenlauf)是一种直到 19 世纪仍由军事法庭判处的刑罚,罪犯从两列士兵中间走过接受鞭笞。——译者注
②　奥巴马总统于 2017 年赦免曼宁,准其出狱,但他于 2019 年再度被捕入狱。——译者注
③　2009 年 5 月 4 日,美军一架 B1 轰炸机空袭阿富汗法拉省格拉奈村,造成了约 140 名平民死亡。

非原件的机密文件

其他文件记录了战争中被官方否认的秘密行动。还有一些则援引自机密文件,其中政治家和外交官在自以为是秘密的交流中交换了他们对其他国家领导人的保留意见和评论。在许多情况下,文件的公布给美国外交带来了难堪的后果。

曼宁提供的大量数据构成了朱利亚·阿桑奇爆料的核心部分,这也使得他的爆料平台"维基解密"声名大噪。

一名普通士兵可以不被察觉地窃取这么多秘密文件,这不仅仅因为安全部门的疏忽。时代变了,机密文件原件的数字化被全速推进,大数据具有高度的优先级别。这对五角大楼的决策层好处多多:大量信息可以被快速存储、分类以及在最短时间内评估,编目是自动的,提取速度极快。

但大数据也是新领域,它改变了间谍活动的游戏规则。早年间,间谍执行任务需要的是微型照相机、冲洗胶卷的暗室和藏匿缩微胶片的好地方(也许在一枚邮票之下)。如今,人们必须对文件一一拍照的日子早已过去了,一名间谍只要使用一个小小的 U 盘就可以立刻窃取成千上万的秘密数据。对曼宁来说,这是一个轻而易举的游戏。

他是一个先行者,他向当局指出了他们的秘密存在新弱点。他们必须知道,高性能计算机已经改变了世界。

曼宁的童年过得很艰难。他于 1987 年 12 月 17 日出生于美国俄克拉荷马州。他的父亲当时是一名军事反间谍机构的分析师,是一个控制欲非常强的人,同时也是一个酒鬼,他的母亲也有酗酒的毛病。曼宁的档案里记载其有自杀倾向。在朋友和邻居看来,这个家庭是不正常的。曼宁在出生前就有酒精中毒问题,正如后来的研究表明,他在胎儿时期就深受母亲酒精成瘾的毒害。

他的父母在他幼年时离婚了。随后,他在父母和继父母、邻居和亲戚之间被来回推搡。当他父亲的第二次婚姻给他带来了一个新的妹妹时,他感叹道:"现在我什么都不是了!"而后,当他在争吵中用刀威胁他的继母时,警察来了。十三岁时,他第一次告诉朋友们他有同性恋倾向。

在从事了短暂的软件开发工作后,曼宁自愿加入了美国陆军。那是 2007 年 9 月,他希望在那里得到学业上的资助。他还希望,男性环境可以帮助他找到对性别的认同感。

但一切都与他想的不一样。

他成了一只替罪羊。"他体格矮小,是个同性恋,不管在哪方面他都不招人待见。"他的一个战友回忆道,"他在哪里都没有朋友。"

曼宁是一个很不好管教的预备役士兵。在军事训练中,当他被中士面对面地训斥时(这很常见),他会冲着中士吼回去。因此他多次受到处分,主管讽刺地称他为"曼宁将军"。

11

6 周以后大家已经可以看出,他很难适应军队的纪律。有人建议解除他的军职,但当时处于一个数字化时代,军队全体人员都在超负荷工作,而曼宁是一名专业软件程序员和保密信息管理人员(绝密/敏感信息管理),军事反间谍机构需要他。

曼宁被许可留了下来,但他的军旅生活依然十分艰难。

2009 年 12 月,在一次与上司们的面谈中他失控了,他对着他们大喊大叫,并把他们的书桌连同电脑一起掀翻。宪兵不得不介入其中,曼宁被解除武装,并被押解带出房间。

几个月后,一名军官在储藏室的地板上发现了像婴儿一样蜷缩在那里的曼宁,他的身边放着一把刀。在一张椅子上,他刻下了"我想要"的字样。几个小时后,他毫无理由地殴打了一名女兵。值班心理医生建议军队开除他,曼宁最终被降级了。

但他没有被开除。3 天后,他被宪兵队逮捕,理由是他从事间谍活动。

追溯

他复制了成千上万份文件并发送给朱利安·阿桑奇,而这些文件的传送是可以追根溯源的,线索指向曼宁,他被逮捕、定罪。

曼宁的数据"盗窃行为"始于 2010 年 1 月,首先是 400 000 份机密文件。它们后来以"伊拉克战争日志"闻名于世。这是在大数据时代的第一次数据盗窃案,快速、小型和易于操作的存储技术使之变得轻

12

而易举,在漫不经心地处理电子机密数据的同时就能轻松窃取数据。

2010 年,美国军方刚刚开始使用大数据技术。军方此前有大量未以数字形式存储的机密文件的原件和秘密报告。数字化是当务之急,因为只有电子文件才可以被快速存储、详细分析并通过大型网络进行传输。加密过的文件看起来也会更加安全,军队是这样认为的。

事实上,海量数据的神奇世界为黑客和数据窃贼打开了新的大门。用一个小小的 U 盘,一名普通士兵可以毫不费力且不为人知地迅速将信息完全复制下来。

曼宁懂得如何使用这项新技术。在"伊拉克战争日志"事件发生仅仅 3 天后,他又回去工作了。这次他攫取了 91 000 份来自阿富汗的密件。他后来坦白道,这从技术角度上讲真是易如反掌,在他的工作场所几乎没有监督。

曼宁熟练地插入 U 盘,点击几下鼠标复制整个档案,然后把 U 盘放在口袋里,就这样将机密文件从情报机构办公室不经察觉地偷运出去。回到营房后,他在 CD 上刻录他窃取的资料,并将其标记为"嘎嘎小姐(Lady Gaga)歌曲",没有人怀疑过他。当他要返回美国时,他把这些高度爆炸性的数据转移到一个极小的 SD 芯片中,放在他的相机里。

就是这么简单,没有人注意到,直到第一份文件出现在"维基解密"网站里。

这些被公布的资料——数以千计的内部军事报告和外交机密急件——引发了全球范围的报道。这一冲击波深入到美国国务院情报机构的最高层,反间谍机构开始紧张地调查,借助许多密件中的细节,泄密的源头很快被找到。

诉讼

针对曼宁的审判于 2013 年 6 月 3 日在匡蒂科的军事法庭举行。他的辩护律师试图把曼宁描绘为"良心罪犯"。但因为他是士兵和宣誓就职的美军涉密人员,这个策略未能奏效,曼宁受到的是军事审判。在军事法庭上,法官们无意酌情减刑,以免轻微的惩罚会鼓励模仿者。

这位年轻的士兵并未获得最重的量刑,他未获叛国罪,因为秘密文件并未出卖给敌人,文件的接收者是全世界的公众。但他的行为被认为是泄露军事机密,这对于一个军人来说并非小事,曼宁因此被定为间谍罪。

2013 年 8 月 21 日,布拉德利·爱德华·曼宁被判处 35 年有期徒刑,共 20 项被指控的罪名成立。在判决次日,他的辩护律师出现在美国著名的大卫·莱特曼(David Letterman)脱口秀节目中。他向电视观众声称,他的委托人现在希望成为一位女性。半年后,他的改名(改为切尔西)申请被接受。

切尔西在狱中仍然被视为一个男人,"她"想转入女子监狱的申请被拒绝了,一并被拒绝的还有激素治疗和变性手术,他只被允许穿女人的内衣。

流亡

朱利安·阿桑奇最终未能保住他的线人，他在保护信息来源方面没有经验，他本人不是记者。除此之外，他还有自己的问题。

他在位于伦敦的厄瓜多尔大使馆密切关注了法庭对其线人的审判和定罪。自 2012 年 6 月 20 日以来，他一直是一名难民①。

瑞典以性侵犯的罪名发布了对这位"维基解密"创始人的逮捕令。只有在使馆治外法权的庇护下，他才得以逗留而不被干扰。一名英国警察在使馆门外等待，以期将他逮捕、引渡到瑞典。阿桑奇担心自己可能从那里被引渡到美国。

最初，朱利安·阿桑奇希望在厄瓜多尔的外交保护下待上 6—12 个月。然而他已经在那里待了好几年了。"我看到的阳光比监狱里的犯人看到的还少。"他感叹道。他时不时会接受记者的采访，对着镜头发表评论。他经常表示，经过将近三年的流亡生活，他想回家。

然而，朱利安·阿桑奇知道，这不会很快发生。

是明星还是国家公敌

无论是被大众称为"明星"还是被痛斥为国家公敌，曼宁在信息

---

① 厄瓜多尔于 2019 年 4 月取消了对他的外交保护，他随即被英国警方逮捕。瑞典取消了对他的引渡要求，美国的引渡要求计划于 2020 年 9 月举行听证会（据网络报道更新）。据报道，他目前已病入膏肓。——译者注

社会发展中的历史地位是毋庸置疑的。他的爆料清楚地表明,超级大国的间谍机构在大数据时代十分脆弱。仅需使用相对简单的技术手段,诸如曼宁或阿桑奇这样的个人就可以轻松窃取成千上万份秘密文件,并公之于众。信息公布也不再像以前一样需要有大型报刊的参与,当然也可以这样做。曼宁已经通过互联网向世界公众展示了如何做到这一点,而他不是唯一的一个。

爱德华

"这关乎国家安全!"一位年轻的博主大怒,使用大写和许多感叹号,连续敲击键盘输入他的文字,"报纸不应该报道这种胡说八道的消息!!"这里指的是《纽约时报》揭露美国情报机构试图暗中破坏伊朗的核计划。该博主表示:"这篇文章是一个巨大的丑闻,或者说《纽约时报》将决定我们未来的外交政策,"名为 The True Hoohah 的博主总结道,"我希望它马上破产①。"这件事发生在 2009 年 1 月。

几年后,这位年轻人依然很愤怒,以至于他将自己拥有的千余份美国国家秘密文件直接交给了《纽约时报》。一位政府发言人后来谴责他对国家安全带来了灾难,美国国家安全局将他的行动称为"第二

① Aust, Stefan und Thomas Amman, *Digitale Diktatur*(数字独裁者), Econ, 2014.

次珍珠港事件"。

与曼宁一样,他用大数据的手段来对抗国家权力,让世界公众为之震惊,而且这次行动的社会反响要大得多。他的行动又一次清楚地表明,大数据已成为自由社会的威胁。他的名字是爱德华·斯诺登(Edward Snowden)。

海岸警卫队员的孩子

斯诺登于 1983 年 6 月 21 日出生于北卡罗来纳州海岸的一个小镇。他的父亲是一名海岸警卫队的海军军官,他的母亲是一名法庭职员。当斯诺登还是个孩子时,他的父母离婚了。他在学校里是个问题儿童,此外他还经常因病缺席,最终未能从普通高中毕业。

他在 18 岁时离开了学校,没有文凭,也没有工作。但这位灰金色头发的瘦高个少年却有着雄心勃勃的计划:他想成为一个特别的人。他通过函授课程取得了一个高中同等学力文凭之后,得以在利物浦大学听课。然而,他至今未完成他选修的课程。

他服兵役的情况也一样。这位辍学者梦想着在美国精锐的特种部队开始自己的职业生涯。他学会了功夫,并在 2004 年报名参加美国陆军,希望不久自己就能戴上那顶著名的绿色贝雷帽。但他刚开始参加基本训练,就不得不中断了。他解释说,提早离开是因为自己的两条腿在训练中被折断,但这并未得到证实。

虽然斯诺登未能实现成为一名特种部队精锐战士的计划,但他继续保持自己戏剧化的构想。他很高兴被他当时的女友，一位名叫琳赛·米尔斯（Lindsay Mills）的色情舞女称为"神秘人"。他仍然渴望有朝一日能成为精英。

在马里兰大学做了一段时间的保安工作后，斯诺登于 2009 年开始在中央情报局接受培训。他被任命为美国驻日内瓦大使馆的 IT 技术员。他的工作有多项任务，除了要负责计算机安全管理，还要负责空调机维修。

在远东经历的挫折

那段时间他很勤奋，也很可靠，是个爱国者。但他不受欢迎：他经常惹上司生气；他发现了 IT 系统中的漏洞，但没有人相信他；他要求加薪，但被拒绝了；他与同事闹矛盾，结果在他的个人档案中载入了一条对他不利的评价。

斯诺登很恼火，他认为自己处于一个日益被排斥的环境中。在日内瓦待了不到一年之后，他离开了中央情报局。之后，他申请加入戴尔公司。这家美国计算机公司当时还是美国国家安全局设在东京分站的一家外包商。斯诺登加入它是因为他想去日本，想成为一名网络专家。

在后来的新闻报道中显示，斯诺登的 IT 资质被夸大了。特别是格伦·格林沃尔德（Glenn Greenwald），他把自己的记者生涯与斯诺登捆绑在一起，称斯诺登为"顶尖网络安全专家"，这无疑是夸大了。

以斯诺登在中央情报局获得的 5.5 万欧元年薪以及在 Booz Allen Hamilton[①] 公司获得的 9.5 万欧元的年薪来说,他的职位和薪水只能算中等水平。即使作为涉密人员,他也不属于精英级别,和他差不多级别[②]的其他美国国家机构的雇员大约有 40 万人。

但是他处在旋涡的中心。作为国家安全局和中央情报局的涉密人员,他处在圈子内部。作为系统管理员,他可以访问他所管理的系统中的任何一个角落。此外,他还有一个所谓的"幽灵用户"许可证。换言之,他能够在情报服务网络中随意搜索而不留任何痕迹。

鲜为人知的是,斯诺登在国家安全局的重点工作是保护战略计算系统免受外国黑客攻击。几乎没有人像斯诺登那样熟悉外国情报机构的架构。他知道这种黑客攻击的方法、频率和分配,最重要的是,他知道这种攻击的危险性。

逃脱

斯诺登在夏威夷时下定了决心,他要揭露雇主的秘密行动,他窃取了秘密文件数百万件。他为此秘密地准备了几个月。与曼宁一样,他选择的工具是外部数据存储器。

然而,几个甚至几十个普通 U 盘对他想窃取的数据来说都是不够用的,这些数据可以装满 TB 级容量的硬盘。

---

① 在 Booz Allen Hamilton 公司,爱德华·斯诺登被聘任为基础设施分析师。
② Aust, Stefan und Thomas Amman, *Digitale Diktatur*, Econ, 2014.

当他把满载数据的硬盘装进手提箱时,他打算为一个更美好的世界而奋斗,揭露他不认同的情报活动,他想要成为一个道德的榜样。

过境难民

斯诺登带着他的手提箱开始了流亡生活,他逃到了俄罗斯,于2013年6月23日到达莫斯科。但是,美国国务院注销了这名逃亡间谍的护照。没有身份证件,他既不能入境,也没有居留许可,更不能进一步前往第三国。他唯一的选择是返回美国,在那里他将被逮捕并判处长期徒刑,由于叛国罪,他甚至可能被判处死刑。

在错综复杂的外交状态中,他的行程一直悬而未决。当他最终被允许进入俄罗斯时,他很高兴。当然,他也知道自己的一举一动会被俄罗斯联邦安全局(FSB)不知疲倦的目光追随着。

在警惕的目光下

那些震惊世界的爆料,都是斯诺登在莫斯科的藏身处操控完成的。在此期间,斯诺登再一次证明了自己丰富的"戏剧感":当他在笔记本电脑上打字时,他会戴一顶红色风帽。他解释道,这样可以避免监视摄像头捕捉到他的密码;他在门缝处塞了一个枕头用来阻止窃听;他把访客的手机塞进冰箱里,这样手机就不能向外界发出任何信号。在任何情况下都必须采取安全措施,这位逃亡的美国间谍处于巨大的危险之中。

追捕爱德华

毫无疑问,美国政府想要把他抓回来。"斯诺登对国家安全造成的损害比美国历史上任何其他的间谍都要大,"当时的国家安全局局长基思·亚历山大(Keith Alexander)这样评估道,"这将影响我们未来20—30年的工作[①-②]。"

这样的罪犯绝不能逍遥法外,追捕行动面临巨大的风险。2013年7月2日,当一个大胆的中央情报局行动失败时,这一点变得显而易见。

这一天,玻利维亚前总统埃沃·莫拉莱斯(Evo Morales)在莫斯科进行国事访问。秘密情报提示,斯诺登将乘坐总统专机被秘密运送出境。就是因为这条消息,几个欧盟国家拒绝飞机入境,总统的飞机被迫在维也纳非计划性地降落。

密报是错误的:斯诺登并不在飞机上。这在外交史上是一场灾难,整个欧洲都在批评此事,奥地利外交部长不得不公开道歉[③]。整个世界都在目睹着美国人将会付出怎样的代价来逮捕这位叛国的国

---

① Sledge, Matt, "爱德华·斯诺登泄密一年之后,政府对危害声明使公众茫无所知", *Huffington Post*, 2014. http://www.huffingtonpost.com/2014/06/05/edward-snowden-damage_n_5448035.html.

② http://www.theguardian.com/world/2013/jun/23/nsa-director-snowden-hong-kong.

③ "'Imperial Skyjacking': Bolivian presidential plane grounded in Austria over Snowden stowaway suspicions('特种劫机':玻利维亚总统因被怀疑偷运斯诺登而迫降奥地利)", Russischer Nachrichtendienst RT, 2013. http://rt.com/news/bolivian-president-plane-snowden-577/.

家安全局特工。

斯诺登冲击波

爱德华·斯诺登的爆料成为全球的头条新闻,环绕整个世界长达数月之久。这引发了戏剧性的效果:民众感到震惊、政界人士愤愤不平、情报部门惴惴不安;美国政府希望尽快将斯诺登送进监狱;德国数据保护者尊他为"英雄";有一些人想为他提供避难所,甚至还有一些人想提名他为"诺贝尔和平奖"候选人。

无论人们如何评价爱德华·斯诺登的作为,有一点是肯定的:他公之于众的资料使民众产生了巨大的不安全感。所有人都注意到,信息存储的规模已经不可逆转地改变了我们的社会。关于大数据的争论已经开始。

大数据,大危险

在我们还未预料到大数据的到来时,它已经横空出世了,它拥有几乎无限的存储能力、几乎无限的数据、几乎无限的监测潜力,它是硬件工业指数级增长的产物。我们却刚刚开始理解大数据带来的后果。

曼宁和斯诺登在世界媒体上公布的一系列资料显示,人类正站在一个巨大的数据海洋的岸边。我们可以看到这片海洋,却不知其深度,也不知其广度,我们对此无法洞察,遑论控制。

这样的海量数据只能由机器掌握。通过人力对之收集、管理或评估是不可想象的。即使是人类编写的程序也无法完成这些任务。超级计算机与超级软件是唯一的解决方案。大数据有朝一日将成为一个新的遍布世界的人工智能记忆。

大数据有潜力囊括全人类的知识，其信息量之大将超出我们的想象力。它会使书籍、布罗克豪斯百科全书，甚至全世界所有的图书馆都变成废物。在"维基百科"问世的前 14 年中，仅英语词条的数据量已经增长到超过 500 万词条。今天，全世界已拥有 287 种语言的 190 亿个单词，而当本书出版之时，维基百科的词条量极有可能再次翻番①。

曼宁和斯诺登将大数据发展的后果生动地展示给世界公众。令人震惊的头条新闻、悲观的社论和陷入论战的政客们起了推波助澜的作用。公众的不安似乎只是指向国家掌控的数据，特别是美国国家安全局，但这可不是侵犯我们隐私的唯一数据收集者，或许也不是最危险的。虽然斯诺登的一些爆料无关痛痒，有些可能只是被媒体夸大或故意捏造而引起愤怒。但公众已经明白了一件事情：大数据意味着大危险。

"妈咪"②被窃听

唤醒德国民众对大数据产生危机感的事件，首先是美国情报机

---

① 统计资料表明，维基百科的数据量以每三年翻番的速度增长。
② 默克尔由于其难民政策在德国被戏称为"妈咪"。——译者注

构对德国总理安杰拉·默克尔（Angela Merkel）手机的窃听，这是对德国总理的"人身攻击"。如果默克尔的隐私对美国盟友来说都不是神圣的，那你我这样的普通大众的隐私自然更不值一提。德国民众开始了解在当今的间谍世界里，大数据意味着公众受到全面监视。

"这是对一个民主国家主权的攻击，"德国社会民主党（SPD）议会党团领袖托马斯·奥珀曼（Thomas Oppermann）在议会会议上说道，"谁是如此厚颜无耻，他们不受约束地窃听市民的手机、阅读他们的电子邮件。"时任内政部长的汉斯-彼得·弗里德里希（Hans-Peter Friedrich，巴伐利亚基督教社会联盟，CSU）谴责美国"严重背离信任"。比利时政府领袖埃利奥·迪吕波（Elio Di Rupo）则抨击美国的行为完全"不可接受"。当时的欧盟委员会主席乔斯·曼努埃尔·巴罗佐（José Manuel Barroso）对"极权主义"提出了警告。

许多人好奇，窃听总理的个人手机在技术上如何实现。关于这个问题，新闻界流传着各种各样别出心裁的解释。"星"电视台（Stern-TV）做了一个"窃听测试"①。在 2013 年 10 月 30 日的一个节目中，一群记者"埋伏"在一辆停在国会大厦前草坪上的小巴士里，他们演示了如何使用所谓的"IMSI 捕手"②来追踪、识别、拦截和存储周

---

① http://www.stern.de/tv/sterntv/sterntv-macht-den-abhoertest-lauschangriff-im-zentrum-der-macht-2067565.html.（"星"电视台做权力中心的窃听试验）

② IMSI，international mobile subscriber identity，国际移动用户识别码，对每个接入网络的手机是唯一的。——译者注

围的手机数据。

幽默作家兼"信息技术安全专家"托比亚斯·施罗德（Tobias Schrödel）评论道，"在空间上接近被监听对象是有意义的，因为这样可以用适当的无线电天线截获数据，然后用计算机解密。"

节目现场的观众豁然开朗，随即掌声雷动。但这其实并不是什么高深莫测的新科技。

事实上，"IMSI 捕手"是一个业余黑客可以轻松邮购的相当简单的设备，价值约 150 欧元。"星"电视台展示的这个所谓美国国家安全局的窃听方法，实际上并不比一个乡村侦探玩的那种"森林与草地"的帽子戏法更高级。坐在一辆停在总理办公室前的面包车里的美国高科技专家偷听了默克尔的通话，这一设想是难以令人信服的。西方情报机构（不仅仅是美国国家安全局）正在从水下电缆、卫星站、移动通信塔和中央交换站中采集数据，而那些藏匿在箱型货车里的戴着耳机的窃听者，或者走在黑暗小巷里披着胶布雨衣的窃听者，如今只能在关于冷战的历史书或关于民主德国的电影（如《窃听风暴》）中看到了。现代间谍使用的是大型计算机。

"星"电视台的另外一批记者被派遣到位于勃兰登堡门附近的美国大使馆，该地点距离联邦总理府仅有 800 米远。摄影师拍摄了建筑物的红外线图像，外交官公寓屋顶下的热点被视为窃听设备辐射的证据。事实上，柏林的每一个主要使馆都设有用于外交密件传输的发射铁塔和卫星天线。它们在美国大使馆的屋顶下面散发着热量。

斯诺登的许多爆料在德国媒体上引起了巨大反响,但这些在德国国家安全工作圈里并没有激起波澜,消息灵通的政治家们和经验老到的记者们早已知道这些内容。美国国家安全局和德国联邦情报局之间的数据交换是司空见惯的,它们之间的关系非常密切,同时也与其他友好国家的情报机构合作,德国联邦情报局和美国国家安全局分析窃听到的信息——姓名和电话号码、国籍和短信、邮件和录音。

这些信息被搜索、筛选、识别和评估,其中用到的技术之一是语音识别。每个人的声带都有独有的特征,就像指纹一样是独一无二的,其他特征还有发音、方言、口头禅和说话的节奏。窃听专家可以根据这些特征创建每一个人的语音配置文件,并将其反馈到数据库中。

这些海量数据仿佛被堆砌成一个巨大的干草堆,情报部门在其中寻找针头,有时他们会找到。

在总理办公桌上的美国国家安全局

这些窃听攻击的结果被传送到最高政府机构,例如在联邦总理的办公桌上,每天早晨都有秘密报告,其中包含来自美国国家安全局全球窃听系统的信息。美国中央情报局和德国联邦情报局、美国联邦调查局和德国宪法保护机构、美国国家安全局和联邦智能部队（MAD），它们之间的合作——就像雇员们私下里所说的——是不可或缺的。

联邦总理的手机也在其中，这应该在所有人的意料之中。与欧洲其他地方一样，整个德意志联邦共和国的手机通话都在全面而充分地被窃听着。事实上，我们应该认为，在这个区域的一切，包括所说的话、所发送的信息、所浏览的网站，都可以被米德堡美国国家安全局的特工们跟踪。

在德国公众中出现排山倒海的愤怒浪潮后，美国总统巴拉克·奥巴马被迫公开承诺，默克尔的手机将不再被窃听。然而，这并不意味着美国的窃听策略发生了根本性的变化，这一点知情人士知道，总理府也知道。美国窃听机构仍然拥有必要的技术，它可以在任何时候通过轻触按钮而被激活，这只是时机与合适性的考量。奥巴马承诺不再窃听总理的手机只是一种外交姿态。因为公众的愤怒浪潮需要平息，被破坏的关系需要修复。

但是公众的愤怒浪潮并未平息，关系也并未修复。不久后，下一枚炸弹爆炸了。

这一个爆料并非来自爱德华·斯诺登，它是由德国反间谍机构发现的。2014年7月2日，联邦犯罪办公室的官员冲进德国联邦情报局位于柏林的新情报中心拘捕了一名雇员。31岁的马库斯·R

（Markus R）是 EA（"任务区／对外关系领域"）部门的分析员，负责技术支持。他在被捕后不久承认自己是美国中央情报局的间谍。又一个美国情报机构在德国从事秘密间谍活动的丑闻被坐实了。联邦德国的这位技术员通过电子邮件向美国驻柏林大使馆提供情报服务，并在两年时间里向美国提供秘密文件。美国方面对其服务支付了大约 2.5 万欧元的报酬。

这项指控是爆炸性的，时机也选得很恰当，愤怒席卷整个欧洲大陆。

窃听盟友

"美国不应该对友好国家实施这样的窃听，不应该对其数据进行拦截和加工处理。"奥地利副总理迈克尔·斯宾德雷格（Michael Spindelegger）愤慨地说。他是奥地利国内外众多发出愤怒呼声的人之一。

美国情报部门有侦察友好国家政治家的任务，这个任务无论对与美国结盟的怀疑论者，还是对默克尔这样热心的美国盟友来说，都是一样的。

对于美国而言，联邦德国虽是盟友，但它与新兴核国家伊朗保持经济关系，与俄罗斯保持密切联系，还有一位前总理出现在俄罗斯的天然气工业股份有限公司（Gazprom）的花名册中。"国家之间没有友谊，"一位德国联邦情报局前局长在安全事务大会上解释道，"它们之间只有利益①。"

因此,没有人会对美国国家安全局和中央情报局延伸到柏林的"千里耳"大吃一惊。到处并且永远都有间谍,哪怕在盟友之间也是如此。这是众所周知但却不被承认的事实,情报人员的职责便是窃听、否认,以及必要的谎话。因此,上面所述的这种愤怒是虚伪的。

德国情报机构同样也在勤奋地刺探着盟友,比如美国。在美国间谍被捕近一个月后,有一个文件在德国报刊编辑部之间流传。被曝光的(很可能并非偶然)是美国国务卿希拉里·克林顿(Hillary Clinton)的一通被德国联邦情报局窃听的电话。2011 年 10 月,她在一架美国军用飞机上用手机打电话,德国联邦情报局将通话原文一字不漏地记录了下来。

政府的新闻办公室刚刚开始辟谣,又一则窃听事件接踵出现。希拉里·克林顿的继任者约翰·克里(John Kerry)与联合国前秘书长科菲·安南(Kofi Annan)关于中东的秘密对话也被窃听了。

录音是如何落到德国联邦情报局手中的,不得而知。德国政府发言人悄悄解释,政府对美国官员并无针对性的窃听,机密录音是在其他行动的框架下进行的。德国联邦情报局称之为"附带战利品"。

---

① 德国联邦情报局前局长 Ernst Uhrlau 与作者 2014 年 11 月在柏林的对话。

愚蠢至极,一名政府官员这样说。他表示,事实上,所有有关美国政界人士的录音都必须立即删除。这里有一点是很明确的:德国联邦情报局和美国中央情报局都违反了间谍活动的黄金法则——永远不要被抓住①。

在希拉里·克林顿和克里被德国联邦情报局窃听的记录公之于众后不久,有证据表明联邦德国还在窃听其他北约盟友,比如北约盟友土耳其多年来都是德国联邦情报局间谍活动的既定目标。

在 2009 年发布的一份情报机构政策文件中,土耳其被列为德国联邦情报局的高度优先关注对象。几天之后又有爆料,北约盟国阿尔巴尼亚也是德国联邦情报局间谍活动的长期目标。文件中还明确提到了德国针对法国和意大利等友好国家的行动举措。

是的,人们就是这样刺探着自己的朋友。

空无一物的爆料

爱德华·斯诺登没有在同一时间公布他的所有文件。就像一位优秀的公关经理一样,他知道这样做效果不佳。他将新闻稿分块打包,每位记者都得到了与其所属国家相关的爆料故事,就好像它们是专为他们各自的读者群量身打造的一样。资料公布的顺序按照严格的战略时间表执行,这是斯诺登与他信任的记者好友格伦·格林沃

① *Spiegel online*, 2014.

德制定的,并得到"维基解密"律师杰西琳·拉达克(Jesselyn Radack)的支持(俄罗斯顾问是否参与其中尚不清楚)。

无论如何,拉达克喜欢向俄罗斯媒体发表批评美国国家安全局的言论。在接受《俄罗斯之声》的采访时,她大肆批评美国情报机构的工作,而对俄国间谍只字不提。

斯诺登大肆造势的许多文件其实很难算得上"爆料",但带有"绝密"标签的文件令记者们乐此不疲。它们被置于一个显著的位置并带一个醒目的标题,这其中甚至包括为培训新员工准备的幻灯片讲演稿。文件上标有"绝密/外国人禁止",但其实只是对国家安全局的泛泛描述,没有可信的名字、具体谈话内容或敏感来源。

它们有过一个组织的爆炸性威力,但很多项目早已被叫停。

在海底捣鬼

对于许多德国公民来说,美国国家安全局对海底光缆的大规模窃听是令人震惊的,但对知情者来说却不是这样。这种消息在媒体流传已有几十年了。在议会和政界,人们多年来一直在公开讨论美国国家安全局与英国窃听机构——政府通信总部(GCHQ)之间的密切合作。

早在1992年,共同窃听的细节已在美国参议院听证会上被公开。从那时起人们就知道,北美和欧洲之间的所有通信都在位于北约克郡曼威斯山的美国国家安全局的巨大基地中被常规地窃取并录音，伦敦和华盛顿共同评估其结果。对于间谍机构感兴趣的那些人，国家安全局的超级计算机会根据他们的社会关系和身份、关键词和声纹搜索其所有的对话。

当时，美国国家安全局和英国政府通信总部已在全球范围内对超过 200 根海底电缆进行了无限制窃听。单单美国国家安全局的分项目 Tempora，每天就处理约 2 100 万 GB 的数据量，美国国家安全局和英国政府通信总部大约有 550 名分析师参与评估，其中通过人工智能不断完善自身搜索和分类系统的计算机的功能最为强大。

美国国家安全局的大规模窃听计划也一直是德国媒体关注的话题。例如，《镜报》在 2000 年发表了关于美国国家安全局计划"Echelon"的秘密细节：

"美国和英国用他们的 Echelon 监听系统[1]刺探盟友的信息，这是一个公开的秘密，而现在它已不再是秘密[2]。"

窃听联合国

为了激起更大的民愤，斯诺登还揭露了美国国家安全局对纽约

---

[1] Echelon 是美国领导的、并非官方承认的全球间谍网络，它是一个监视和传输电子通信的全自动系统。——译者注

[2] http://www.spiegel.de/netzwelt/web/grosse-ohren-echelon-spionage-unter-freunden-a-71135.html.（朋友中的大耳朵 echelon 间谍）

联合国秘密会议的窃听。其实,对联合国的窃听一直是常规操作。在大楼修建的同时,各种肤色的间谍们就开始用砂轮机和打孔机在墙上钻孔。1960 年,美国大使亨利·卡贝特·洛奇(Henry Cabet Lodge)展示了一个木雕的美国国徽,这是一所俄罗斯小学的某一班级的学生们赠送给他的礼物,隐藏在这个漂亮装饰品里的是克格勃所使用的窃听器。

一些外交官开玩笑说,联合国摩天大楼至今仍能屹立在纽约的大道上真是个奇迹,这座建筑的静力平衡早就应该被装有各种窃听器的孔洞破坏了。

外交会晤为间谍提供了一个独特的机会来掌握外国的谈判策略。因此这不足为奇,斯诺登窃取的文件中记载了美国国家安全局和英国政府通信总部于 2009 年在伦敦 G20 会议期间进行的窃听活动。斯诺登说,无论是移动电话、电子邮件还是笔记本电脑,所有的按键输入都被记录在案①。

对这类首脑会议的观察不是单向的。国家元首们于 2013 年 9 月 5 日在圣彼得堡举行会议,而这也是俄罗斯情报部门的主场比赛。来客们从主办方得到一个带有彩色 G20 标志的漂亮 U 盘。但正如后来德国联邦情报局在布鲁塞尔发现的,这个 U 盘里装有能

---

① GCHQ intercepted foreign politicians communications at G20 summits(英国通讯总部在 G20 首脑会议窃听外国领导人的通信),《卫报》,2013 年。

帮助俄罗斯人窃取笔记本和秘密电脑中的资料的"特洛伊木马"病毒。

这些对间谍来说是理所当然的,侦察是他们的职业。

更好的德国联邦情报局

2014 年 8 月,德国内政部向联邦总理府提出了一份高度机密的战略文件。专家们对德国情报系统的电子情报能力进行了批判性的评估,试图堵塞漏洞并找到其弱点。结论令人悲哀:德国的电子情报功能缺失,仿佛失去了视觉和听觉。

长期以来,德国联邦情报局在人类情报(HUMINT)领域中,以其优秀的代理来源而闻名。延续传统,它在前东欧集团、伊朗和阿拉伯世界拥有可靠的线人网络,他们设在巴基斯坦和阿拉伯地区(隐藏在集装箱船上)的窃听器在技术上非常有效。

但时代变了。德国联邦情报局在电子情报领域(SIGINT)错过了与大数据时代的接轨,主要原因在于许多德国科技公司失去了全球的顶尖地位。根据其自我估计,如果没有美国合作伙伴的支持,德国联邦情报局不能独立执行任务。从短期和中期来看,德国间谍仰仗于美国的"仁慈"。

战略文件还提到,德国联邦情报局既没有技术也没有人员来全面收集或充分评估全球的数据网络。它可以对国外黑客攻击定位,但无法阻止它们。一位德国联邦情报局的内部人士对此引用这样一个比喻:"我们只能坐在山上,记录闪电的数量①。""如果没有美国的帮助,"另一个人悲叹道,"我们最多只能找到100个在德国的圣战分子中的5个。"

另外,德国联邦情报局在数据加密及其安全保存方面的情况也好不到哪去,在这方面技术最强的公司都在硅谷②。人们早就知道,国际加密公司与美国国家安全局保持着合作关系。它们旨在使产品的出口版本更容易被破解。美国国家安全局也通过代理商的形式参加了为国际数据传输技术制订标准的关键委员会,并联合合作伙伴英国政府通信总部,与海底电缆运营商达成协议,使得窃听行动变得更容易。

内阁的秘密

尽管情报部门之间有密切的合作,但每个政府都有需要保守的秘密。出于安全考虑,德国联邦情报局在以色列内盖夫沙漠的服务器中储存了一些敏感数据。联邦控制委员会为联邦议员的移动电话购置了一套屏蔽外壳。联邦内阁会议十分敏感,如果总理能够坐在无法被窃听的房间里敲响会议开始的铸铁钟,那参会人员会感到更安全。部长们希望能够不受干扰地交换意见和措施,保密势在

---

① Tiede, Peter, "Bundesnachrichtendienst: Darum will die Regierung den BND aufrüsten (联邦情报机构:这是政府要扩充联邦情报局的原因)", *Bild Online*, 2014. http://www.bild.de/bild-plus/politik/inland/bnd/darum-will-der-bund-den-bnd-aufruesten-37303480.bild.html.

② 一个例外是卡巴斯基(Kaspersky),一家与克里姆林宫有密切联系的莫斯科公司。

必行。

这就是为什么会议记录需要由速记员：用笔手写在纸上，而不使用任何电子设备。

为了保证记录文件的安全，内阁会议使用了 19 世纪的技术——优质的老式管道气动传输系统。敏感的纸质文件被装在一个小型圆柱形容器中，然后被运送到总理办公楼的地下室，再装进装甲车里。这个系统没有高科技，但它是防窃听的[①]。

斯诺登风暴之后

尽管爱德华·斯诺登的一些爆料并无新意，但仍引发了巨大的震动。全世界都知道了有多少信息正在被情报部门收集，人们也在考虑可以做些什么来应对，应对措施将在后面的一章中讨论。大数据还有许多斯诺登和曼宁未曾专门涉及的威胁性方面。

数据融合

在进入 21 世纪后不久，硬件制造商希捷公司（Seagate）推出了第一个 TB 级硬盘，这一发展的影响深远，存储容量因此达到的规模和

---

① 今天，管道气动传输系统主要用于建筑物内，例如银行用于运送钱币或医院用于运送血液样本、医疗记录和表格。在柏林某医院，这种内部系统可以轻松快速地运送约 3 500 个患者样本、X 射线图像或分析材料。在海德堡大学医院，一条 25 km 长的管道系统通过各个分支连接 152 个站点，每天约有 3 200 个样本从病房进入实验室。

价值使其成本因素几乎可以忽略不计。"没有人需要超过 640 KB RAM①"的预测成了一个笑话,爆炸性的存储容量最终改变了世界。如果以前有意义的做法是先过滤筛选信息,然后再保存它,那么现在最有意义的做法是先保存所有信息,过滤筛选可以等相应的技术发明以后再做。

2001 年被人们称为"情报机构年"。9 月 11 日,美国的纽约和华盛顿成为一场恐怖袭击的受害方,一小群狂热的极端主义者用飞机撞击纽约世贸大厦谋杀了约 3 000 名当地的美国人。他们没有用炸药,没有用枪支,也没有任何先兆。

这个超级大国的情报机构对这次行动竟然一无所知,虽然他们早已熟知肇事者"基地组织",包括其头目乌萨马·本·拉登(Osama Bin Laden)。但是没有人想得到他们会采取这样的行动。刺客们悄无声息地来到这个国家,没人发现他们带着刀和催泪瓦斯登机。

提前预警系统失效,这对情报机构而言是彻头彻尾的失败。人们发现,仅仅依靠线人(人类智能 HUMINT)是不够的。未来,更多的重点将会转移到电子间谍(信息智能和 SIGN 信息技术)上去。回首过去,利用新技术我们也许就能发现可疑人等,我们必须全面更新能

①　这一关于个人计算机 RAM 的言语常常被说成出自比尔·盖茨。但盖茨从未这样说过。(RAM 是可读写内存,区别于只读内存 ROM。由于 RAM 的价格下降,ROM 现在很少被人们使用了。——译者注)

够有效地监测飞行、过境、长途电话和互联网通信的系统。

人们需要知道谁将进入自己的国家,为什么进入,以及其中的每一个细节。

因此,我们需要的是大数据。作为国家安全当局的美国国家安全局应该与其他情报部门(也包括警方)在无缝信息交换中分享情报。

进一步要优先完善的是边界监控。美国有相当长的国境线,最长的是与加拿大和墨西哥接壤的陆地边界,外加东西邻两大洋的沿海边界,总共形成了一个长约3.2万千米的控制区。边防军和海岸警卫队很难管理这块区域。人类监视应该由全自动的机器来补充,甚至完全替代。

今天的边界安全需要从某一个人预订一次旅行开始考虑。那些想入境的人,在出发飞行前很久就被彻底地调查和记录了下来。在内容广泛的调查表中所有个人信息都有被记录,包括婚姻状况、入境日期、银行信息、职业信息、病史、财务关系和驾驶执照等。所有这些信息与来自其他各种来源的信息进行对比,一个完整的生物识别程序正在等待前来美国的客人。

"微笑!"脸部被拍照,指纹被读取,眼睛被扫描。有可能下腹部也会被 X 射线全身扫描仪放大研究。但这也带来了麻烦:乘客对他们的隐私受到侵犯感到愤慨,甚至有激进分子在隐私部位用含金属元素的颜料书写抗议文字,期望它们在被 X 光射线扫描时可以被清晰地读出。此外,多种不同研究还质疑全身扫描仪的性能。许多机场拆除了这种设备。

当然,只有与间谍机构所储存的数据相比较,这些旅行者的数据才具有意义。每个访问者填写的问卷答案,每一张友好的带着微笑的游客照片,都成了大数据的一部分,大数据每天都在持续增长。

模棱两可的情况

迄今为止,在德国有关情报工作的辩论中被批判的重点是电话录音和电子邮件文本。事实上,这只是整个秘密情报工作乐章中的一小节。每个人的特征是多方面的,因此用来捕捉和识别它们的科学技术也是多种多样的。

每个人生来就有不同的特性。每个人的各种属性都与其指纹一样具有独特性,其中有一些是显而易见的。除了指尖有乳突纹线和细节可以留下环形的指纹,手掌面积和脚后跟及耳朵也都可以用于认定罪犯。情报机构甚至可以将手指和手背静脉的几何形状存档。

例如,Palm Secure 公司向市场推出了一种传感器,可以用红外线照相机探测手掌面积。由于静脉中含氧量少的血液会吸收红外线辐射,因此通过红外照相机可以清晰地看到一个由 500 万个点形成的静脉结构的详细图像。根据制造商的数据,用这个传感器系统识别身份的错误率只有千万分之一①。

在声学中，人的声纹是一个重要特征，它包括了声带的生物性变动和说出词语的特有节奏。若有必要，语言学家还可以进一步研究方言、重音和选词。过去，这种技术由国家垄断（作为警察和情报部门使用的工具）。而今天，每个智能手机都可以做到这一点。

脸部是人的一个可信特征，每个人的脸部特征都不同。我们可以辨认出大部分的脸，而机器总能辨认出全部。鼻子与上唇之间的距离、眉毛和发际线、耳垂和领口大小，这些已被精炼成一门精细严谨的科学，相应的软件称为人脸识别系统。为此，系统需要采集大量人员的护照照片，闭上嘴巴、张开眼睛、摆正头部，非常重要的是，面部表情要保持平静。这样的统一标准便于机器识别。

今天，生物度量技术无处不在。我们早已习惯了在出入境检查、酒店接待或租车点等待着我们的小型摄像头。在全球范围内，我们用自己的照片填充着数据库，还有我们的指纹、我们的虹膜扫描。监视无处不在，这令人毛骨悚然。

前往阿拉伯联合酋长国的人们将面临机场的各种高科技的检查，检查护照时等待他们的是普通的摄像头和用于采集指纹的激光仪器。如果谁认为身份识别仅仅是这些，那他可就大错特错了。

---

① http://futurezone.at/science/biometrie-venen-scanner-schlaegt-iris-messung/24.597.953.（生物测定的静脉扫描器击败虹膜测量）

旅客从走下飞机到检查入境的途中，会经过 8—10 个，甚至更多的摄像头。经过面部识别自动查明身份并分类传送到护照检查处，柜台工作人员核验照片和指纹只是例行手续，移民当局早就知道了旅客的身份。目标人物越重要，找到他们所使用的方法就越昂贵。个人特征数据库越大，机会就越大。

人脸识别技术只是一个由不断观察我们的摄像头、闭路电视录像机和隐藏照相机组成的全球网络中的一部分。国家情报部门、警察和私人公司经常携手合作。高性能的人脸识别技术可以在一个大型示威游行中识别出目标人物，或在一个人满为患的火车站大厅中识别出犯罪嫌疑人，甚至可以穿过喧嚣的人群继续跟踪目标对象。各自独立的相机可以相互同步，一个目标人物可以从一个摄像头到另一个摄像头通过多个闭路电视系统被持续跟踪。借助所谓的"融合软件"，视频监控还可以跨媒体与其他系统同步，例如全球卫星定位系统(GPS)或智能手机的定位系统。

如果我们想知道未来社会被监测的社会性后果，却只对单个监测程序进行观察，那将是一个严重的错误。构成威胁的不只是路边的单一摄像头，还可能是一个射频识别①芯片中的传感器或是安装在

---

① 射频识别(radio frequency identification, RFID)通过阅读器与标签之间的非接触式数据通信，达到识别目标的目的。射频识别的应用非常广泛，目前的典型应用有动物晶片、汽车晶片防盗器、门禁管制、停车场管制、生产线自动化、物料管理等。——译者注

芭比娃娃中的监听设备,它们是来自一个"新物种"的群体的力量,它们可以监视和控制一切。但只要它们各自的系统保持分离,其对我们所造成的危险就会减半。

大数据的诞生是一个巨大的发展。直到今天,我们还没有适应它。然而,这只是一个危险的"新物种"成长起来的第一步,最终它可能会全面超过我们。

传感器和软件

随着边境监视技术的飞速发展,一个全新的科学分支被建立起来,开始于声纹和人脸识别的生物识别技术现在是一个多分支的研究领域,并且是一个有利可图的研究领域。

国家似乎无法储存这么多数据。每天,人体的新特征被发现和编录——体格和头部姿势、胎记和肌肉结构、漂亮的文身和丑陋的瘢痕。所有这些信息都被记录下来,被输入数据库中,甚至还有骨科专家研究步态,用以识别瘸腿或耷拉肩膀的人,这是行为学研究中的一个名为"步态识别"的新课题,也被认为是一种相当可靠的识别方法。在其他研究领域中,体味、口臭和脚汗的样本也正在被研究和比较着。

此外,心理学家还在寻找能够表征人的行为、爱好或生活方式方面的信息:是西装族还是体育迷?是长途车司机还是万人迷?是左撇子还是长跑运动员?未来,这些信息会变得更精确。

人有相当独特的特点,但大多数人对此一无所知。无论是用十根指头在键盘上打字,还是使用双拇指在智能手机中输入文字,每个人都有自己的风格和节奏。专家们可以找到这些特点并将其分类。美国苹果公司发现,他们可以通过指尖敲击苹果手机的节奏和操作方式来识别用户。

这是一个新的科研领域,研究人员称它为行为识别(Behaviormetrics)。以前那些由刑事警察记录在笔记本上的特征信息,现在被永久地保存在大数据库中。

人工智能的耳目

自动传感器是现代监控的耳目。与人类相比,它们的功能要强大得多。在夜晚,传感器能比眼睛看得更远更清晰,它们可以检测到红外线和放射性物质,可以听到最轻微的声音并闻到化学物质。生物识别技术吸引着大公司,利用这个技术可以挣一大笔钱,国家也愿意将其中的很大一部分外包给相关公司。例如在国家边界的监视方面,这一技术越来越多地被国家转交给私人公司开发。专长于生物识别、个人认知和数据管理的 IBM 公司是国土安全部的紧密合作伙伴。埃森哲(Accenture)公司引领美国"智能边界联盟",这是由不同专业公司联合构成的组织,其擅长的领域是数据的收集和评估,预算总额约 100 亿美元。

在这样的圈子里,数据已不仅是一个行业的话题,而成了一种商品,它会被交易,以信息交换或现金的方式疯狂地被交易,数据彼此融合后更具价值。

人们从"9·11事件"中吸取的教训之一正是美国情报机构之间缺乏合作和信息共享。许多可以用来提早发现刺客和他们意图的信息分散在各个机构中的不同文件里,它们被保护和存储,但不能被访问。即使是"主外"的中央情报局与"主内"的联邦调查局之间也没有数据联网。没有人能够得到所有的信息,没有人能够看到"大局"——不断增长的相互关联以及危机四伏的整体情况。联邦各部门的数据应尽快放在一起,并在保密许可的情况下实现共享。联邦调查局、中央情报局、军事情报机构和其他相关的联邦机构也应该信息共享。

为了间谍的融合

情报机构在收集机密数据的场所建立了融合中心(fusion center)①,秘密数据在此融合。同时,他们根据有争议的信息自由法建立了一个不透明的全权和特别许可机构,这包括声名狼藉的"国家安全信件部",它允许联邦调查局在不需要搜查令和法官的情况下进行搜查和逮捕。

民权组织对执法机构被赋予的新的权力感到震惊。他们警告人们关注众多新的反恐行政机构,这种机构仅在美国伊利诺伊州就有91

---

① 融合中心是一个信息共享中心,在2003—2007年间由美国国土安全部和美国司法部联合创建。——译者注

个。他们对所谓的"在不宣而战的战争中实行的战争法"提出警告。

更重要并且更有可能出问题的是不同国家数据库之间的合并。一盘美味的"信息佳肴"被端上桌,所有的情报机构都会入席享用。这绝对不只有主要间谍机构因新的反恐法律而受益,许多地方情报部门也享受到了新的特权。在伊利诺伊州,处理反恐任务的情报机构数量达到了创纪录的水平,一些美国地方警察因能使用高科技的神奇武器而感到欢欣鼓舞,以前这些武器只能在中央情报局和国家安全局的武器库里被找到。

国家安全局技术服务于地方警察

小镇警察突然能够使用高级的红外线照相机来探测大城市居民区中的大麻农场,能够使用强大的监听系统来记录小偷的手机通话内容,还能毫不费力地搜寻数百万人的犯罪记录。这为打击犯罪提供了许多好处,但也有许多威胁公民自由的隐患。下面是一些实例。

守卫的工具

小看门狗

新泽西州 Berkeley Veritronics 公司生产了一种新型的神奇武器"小看门狗"。这是一个袖珍无线电接收机,它能被伪装成书或水瓶,无论是在大学的考试中或滚石乐队的演唱会上,还是在监狱或法庭上,"小看门狗"都能实时跟踪任何无线电信号。它可以探测到语音、短信甚至处于待机状态下的手机,收集往来通信并记录所有内容,包括移动电话的号码和时间。虽然"小看门狗"是为合法的监视任务而开发的,但它也可以用来追踪游行示威者和持不同意见的政治人士。

黄貂鱼

更令人难以置信的产品是由哈里斯公司开发的国际用户识别码捕捉器"黄貂鱼(Stingray)",其任务是模拟信号发射塔,使之能够对接周围所有的手机,记录它们的谈话,保存它们的短信,并在手机主人不知道的情况下,下载智能手机存储的全部内容。该设备可以同时窃听数以千计的移动电话。

民权组织美国公民自由联盟(ACLU)提示:"借助这种可以透过墙壁和服装接收信号的设备,国家可以收集没有不良记录民众的多方面信息。"

在佛罗里达州,某警察局在没有任何法院批准的情况下在一年内部署了 200 套"黄貂鱼"信号捕捉器;在寻找一位被绑架的女孩时,科罗拉多州警方窃取了数千名男子的私人数据,其中 500 人被要求提供 DNA 样本[①];为了侦察一宗连环汽车抢劫案,一名南卡罗来纳州的

---

① 《今日美国》,2013 年。

警长用一套"黄貂鱼"装置从 4 座信号发射塔收集了所有的数据。"我们需要尽可能多的信息。"警长解释道。佛罗里达州迈阿密警方则表示他们购买一套"黄貂鱼"的理由是要在"世界贸易日"对示威者进行监控①。

移动设备取证装置(Cellebrite)

这是一种可以备份法庭证据的装置,一部智能手机中的全部内容可以在两分钟内被复制完成。其专业版还可以读取已删除、加密和隐藏的数据,它已被六十多个国家的军事、执法和情报机构所使用。通常它是这样工作的:侵入对方装置,解锁,启动代码以读取闪存(Flash),启动对 U 盘的数据传输,不留任何痕迹。

FinFischer/FinSpy

Haus Gamma 公司开发的"特洛伊系列 FinFischer/FinSpy"监视软件经常被国家机构所使用。它是一个具有攻击性的间谍系统,由联邦犯罪署进行测试,被用来对付所谓的"流氓国家"。其售价不菲,单单 FinSpy 的远程监控解决方案的售价就高达 150 万欧元。它可以窃听对话、复制联系人、激活麦克风、跟踪位置,并且一定还有更多制造商并未公开的功能。

这种设备堂而皇之地在私人机构甚至在天主教堂中被使用。在

---

① Kelly, John, et al. , "Cellphone data spying:It's not just the NSA(窃取手机数据:不仅仅是美国国家安全局)",*USA Today*,2014 年。

意大利那不勒斯地区,牧师唐·米歇尔·马多娜(Don Michele Madonna)对礼拜仪式上的信息和电话非常恼火。他曾多次要求会众不要在教堂里使用手提电话。为了寻找天堂般的宁静,愤怒的牧师在教堂里安装了一个干扰信号发射器,效果非常好。然而,教堂附近的店主抱怨他们的笔记本电脑、智能手机和平板电脑也受到了干扰[①②]。

谷歌情报

美国雷神(Raytheon)公司以其开发的奇特武器而闻名。除了生产配置于杀手无人机的成套传感器、美军步兵使用的外骨骼防弹衣和美国海军使用的监视飞艇外,雷神公司还为国家安全局提供了一款专门的软件——搜索间谍引擎。该软件被称为快速信息叠加技术(RIOT),专门出售给军方、情报和其他安保机构。雷神公司的成就使谷歌屈居下风。

该软件的算法是基于巨大的信息量而设计的,专业术语称为"极端规模分析",其处理速度之快令人震惊[③]。

只要输入目标人物的姓名,软件立即复制出其手机通信录列表,并在地图上标明黄色定位点。几秒钟内,所有定位点上都会完整显

---

① "Priest installs cell-phone blocker in Naples church(牧师在那不勒斯教堂安装手机阻挡器)", *Ansa*, 2014. http://www.ansa.it/english/news/general_news/2014/12/15/priest-blocks-cell-phones-in-church_1cc1aeb8-1fc2-4567-b267-97d118afaf58.html.

② Mischke, Joachim, "Himmlische Ruhe(天堂般的宁静)", *Hamburger Abendblatt*, 2014.

③ http://www.pc-magazin.de/news/raytheon-riot-spionage-software-facebook-1474297.html.

示目标人物的通话日期和具体时间。每一位参与者只要开启他(或她)的手机,就会在地图上留下一条痕迹,就像撒在童话森林里的面包屑一样,情报人员可以追踪目标人物的轨迹——不只是实时的,还可能建立起几年甚至几十年间的记录。

RIOT 软件可以做到更多,例如复杂的事件链。如果 A 与 B 同去一家咖啡馆,他们与 C 交谈,而 C 向 D 转移现金,他们之间的相互关系可以迅速地被认出,所有定位都与人脸识别相关联。如果这些人中有一位去了一家健身房,所有同一时间去该健身房的访客的到访日期和时间都会生成在一张图中①。

在 RIOT 软件的一个秘密演示中,《卫报》调查记者布赖恩·厄奇(Brian Urch)亲身体验了上述所有的操作,并将这一切记录在他的Youtube 视频中②。因此,这一切绝不仅仅是情报机构永久保存人们的电话录音和短信这么简单,事情要复杂得多,到处都有人工智能在监视着我们。

小心摄像头!

监视无处不在。人们想在公共场所不被观察到的难度越来越

---

① http://www. theguardian. com/world/video/2013/feb/10/raytheon-software-tracks-online-video. (雷神软件跟踪线上视频)

② https://www.youtube.com/watch? v=dEXbP4VXCwc.

大。摄像头被安装在各种地方,并捕获经过它们的每一个人。迄今为止,英国已安装启动了600万台闭路电视摄影机(CCTV),普通市民平均每天都会被超过300台摄像头拍摄到。

2001年9月11日之后,纽约市民失去了许多曾经拥有的自由。人们对安全的渴望如此强烈,以至于许多以前关于监视的限制解除了,市民们信任他们的共和党市长鲁道夫·朱利安尼(Rudolph Giuliani),他们陪同他渡过了严重的危机,同时也接受了他推行的新措施。

在此期间,这个城市安装了超过3 000台闭路电视摄像头,所有摄像头都接入网络形成了一个巨大的监视识别系统,这使得该系统能够贯穿整个城市,从一个位置到另一个位置无缝跟踪目标人物,并且通过面部识别来确定其身份,从档案中调用(如果有的话)其犯罪记录。

最新的监控摄像头可以识别一个可疑包裹的大小和形状,或者在几秒钟之内从人群中找到一位"穿红色衬衣的人"①。人们永远不能忘记:观察的对象是人,不是电话、电子邮件,不是汽车、飞机,也不是银行账户,而是人。

你是独一无二的

你的生物特征信息也是独一无二的。因此,情报机构(还有私人

---

① 阿富汗"塔利班武装组织"对美国纽约时报广场进行汽车炸弹袭击未遂,嫌疑人穿一件红色衬衣。——译者注

数据收集器)希望将有关一个人的所有信息与其生理特征链接起来。如果这个用于识别的链接中包含了这些具有唯一性的个人特征,如数字指纹、虹膜扫描、手形扫描、面部形态、步态和声纹等,那么这些信息很容易从生物学上被衡量和评估。此外,还包括吸烟、酗酒、赌博、吸毒等社会习惯。

如今,个人的科学特征涉及的方面越来越多,步态(步态识别)、表情、情感识别和手部静脉结构都只是其中的一小部分。生物性特征数据的优势在于其形成了一个识别的钥匙——数据库信息和物理身份之间的联系。安全码和密码是可以更改的,但物理特征是无法被改变的。

护照照片的个性

民营企业的识别技术有时是存在缺陷的,毕竟相关的技术仍在建立中。美国的初创公司 Creep Shield 想利用图像识别来找出"不受欢迎"的人。他们开发的应用程序最初只在美国使用,用来把社交平台中的好友照片与美国联邦和各州当局公布的性犯罪者数据库中的照片进行比对。

这个操作很简单,即用户只需将图像的链接输入到约会网站(如 Match.com,eHarmony,Plenty Of Fish 或 Ok Cupid)的搜索区中。然后,它会与大约 47.5 万张性犯罪者的真实照片进行比对。或者,用户也可以额外安装一个浏览器扩展程序,这个程序可以从例如谷歌浏览器 Chrome 中下载，该程序对访问的网站有完全的权限，并查看打开的浏览器选项。

然而，这项服务迄今为止所提供的功能并不理想。《纽约时报》进行的一项简单测试表明，该软件经常出现大量失误，比对的正确率只有49%。

用于追捕的照片资源

国家系统的功能性更好一些，它们利用几乎所有的视频和照片资源。除了政府的录音之外，它们还经常分析来自私人手机的无限数据。每一位好莱坞明星都知道想要逃离这一系统是多么困难，对于刺客来说也是如此。

2013年4月15日，两枚炸弹在"波士顿马拉松"比赛的终点线附近爆炸。现场一片混乱，救援人员、电视记者、警察和恐慌的现场观众四处逃离。在骚乱中，警方收集了许多私人智能手机的数据。几个小时内，他们从犯罪现场得到了大量的图片资料。数百名联邦调查局的侦探和刑事案件专家通过图像进行搜索，正如波士顿市警察局长爱德华·戴维斯（Edward Davis）所说，他们搜寻了那些"所做的事情不同于其他人"的人。

这项工作单调乏味，一个调查员必须查看一个图像序列超过400次，但是所有的线索都在其中。利用人脸识别系统检测出罪犯，并将他们的通缉照片通过电视发布到全世界，这只是一个时间问题。

在恐怖袭击调查中,个人隐私被忽视了。这造成了一个可疑的特权,数百台智能手机被收集,存储着数以千计的私人图像的记忆卡被没收了——没有法院决议,没有司法指令,也没有法律依据,每张私人照片都是调查档案中的一部分。

当然,帮助追捕成功的不仅是技术,还有提供有用信息的活跃目击者。但是,"波士顿马拉松事件"肯定是一个很好的例子,这不仅让监视摄像头变得更强大,还让法庭评估水平也提高了。调查人员采用全自动的高品质人脸识别软件,能够快速、有目的地整理相关图像。在事件发生后几个小时内,带有照片和个人资料的肇事者通缉令被公布出来。政府在监视你,不只在你家里,不只使用摄像头。

监视下的节假日

你一定知道,如果你去旅行,你存在个人计算机中的相关查询记录、最终的飞行目的地、预订的旅馆等信息都会被搜索引擎制造商保存下来。然而,极少有人知道他们在网络上留下的数据痕迹到底有多少。

当我们在国外旅馆登记时,护照信息通常会被记录,即使地方当局并未提出要求;酒店接待人员会记录你是否吸烟;你还将被鼓励加入连锁酒店的优惠项目,在那里关于你的更详细的个人资料会被记录。这些数据可能与信用卡信息相关联,甚至存储在房间钥匙的磁条上;你通过电梯和走廊的通道时会被监控摄像头记录下来;在此逗留期间,你每次开门的日期和时间都将被一起存储在中央计算系统中。这样,你在国外停留的每一步都可以被还原出来。

虽然这个过程很麻烦,但这是可行的。对情报机构来说简直易如反掌,对于人工智能来说,这只是一个微秒级的数据处理问题。

迪拜犯罪现场取证

有一个非常特别的关于犯罪现场取证的例子来自迪拜这座沙漠城市。任何一个认为高科技在这个国家是落后的人,都犯了严重的错误,以色列特务机构摩萨德就犯了这个错误。

以色列人组建了一支由 27 人组成的刺杀哈马斯的头号恐怖分子的杀手团队。刺杀计划的地点选在迪拜的一家酒店,计划详细而复杂,任务被一个个分配下去,参与者都是训练有素的职业杀手。但不幸的是,职业杀手们低估了当地调查人员。

摩萨德谋杀电视

故事从迪拜 Al Bustan Rotana 酒店二楼的一个女服务员身上开始。230 房间的客人对她的敲门一直没有反应,她有点不耐烦了。退房时间本应是中午 12 点,而当时已经是下午 1 点了,她想进房间打扫卫生。

这一天是 2010 年 1 月 19 日,入住的客人是马穆德·阿卜杜·拉乌夫·穆罕默德·哈桑（Mahmoud Abdul Raouf Mohammed Hassan）。值班经理给房间座机打电话，没人接听。下午 1 点 30 分，管理员打开了房门，床上躺着一具尸体。

现场未见外部暴力的迹象，门从里面用链条和闩锁锁住，贵重物品一件也没有丢失，一切线索都指向自然死亡。迪拜医院的初步验尸报告也是如此，死因为脑部血压过高，一种常见的情况。

直到警察核实了死者的身份，他的真名敲响了警钟。马穆德·阿卜杜·拉乌夫·穆罕默德·哈桑，化名为马穆德·阿勒马巴胡赫（Mahmoud Al-Mabhouh），是一名巴勒斯坦高级军官，他是伊宰·丁·卡桑烈士旅①的创始人。他自己在一份忏悔录像中承认对两名以色列士兵的绑架和谋杀负责。多年来，他一直被列在"摩萨德死亡名单"中的前列，人们多次试图谋杀他。

现在看来他们似乎成功了。

阿拉伯联合酋长国的土地上发生了一起涉及以色列的谋杀案。迪拜国家安全警察立即为此案设立了几个调查小组。

他们很快得出结论：这是一场长期策划、大规模投入并由职业杀手执行的暗杀行动。警方在初步调查后发现马巴胡赫在他的酒店房间里先是被电击枪击晕，而后可能被枕头闷死。显然，这看起来像是

---

① 巴勒斯坦伊斯兰运动组织和政党哈马斯下属的军事组织。——译者注

自然死亡。

对这一突发事件值得注意的是当地警方反应迅速,首先是针对来自以色列刺客的调查。在很短的时间内,调查人员已经获取、发现并分析了来自该市无数监视摄像头的大量视频素材。在费力和细致的工作中,他们把所有信息拼凑在一起:入境盖章、酒店预订、护照复印件、租车合同和信用卡。

追踪职业杀手并不是一件容易的事情。以色列的精英团队悄悄地行动,没有留下一丝痕迹地离开,没有留下指纹或 DNA。在一个不为人知的计划中,他们站在门厅和走廊,交换房间钥匙和沉重的行李。他们使用化名、乘坐出租车出行、使用假护照、戴染色假发,他们更换西装和各自的任务、手提箱和服装并变换不同的角色。杀手有时以一位很酷的女商人形象出现,有时又以一位超重的网球运动员的形象出现。

在迪拜没有人知道他们要来,没有人看到他们抵达或离开,他们的车没有被跟踪,他们的谈话没有被窃听。仅仅因为尸体出现在 230 房间,当局才得知这起爆炸性的案件,直到那一刻调查才开始,而杀手们早已远走高飞,所有的操作必须事后像拼凑马赛克一样,一片一片地联系在一起,这是一个工作量庞大的犯罪重建工作。

调查人员默不作声地工作。他们在几十个屏幕上追踪摩萨德团队的行踪。他们必须通过细致入微的工作把犯罪现场一一拼凑起来,包括刺客的近景和全身照,在电梯、走廊里、入住酒店时和在商场购物时的照片。调查人员还要留意帽子和挎包、运动装备和专用电话等物品,专用电话用于与位于维也纳的行动中心的上级进行秘密沟通。

整个调查最终被制作成一部令人印象深刻的电视纪录片,全部由真实画面组成。这部纪录片向大众公开介绍了职业杀手是如何工作的,调查人员自豪地在 YouTube 上展示了他们的作品①。

迪拜刑警在侦破这起谋杀案中取得了令人难以置信的成就,他们示范性地展示了大数据(与全国性闭路电视图像相结合)具有怎样的能力。这场调查之所以能成功,是因为监控手段在该国的设置与运行十分完善,监测是全自动的,所有的工作都由机器完成,不需要人工插手。

但是,还是需要有人(迪拜的刑警)来完成法庭取证。将来,这种分析将借助高性能软件,人们将越来越多地使用机器来解决类似问题,所谓机器就是自适应的机器,即人工智能。这是西方情报机构大力畅想的未来,军方也是如此。

---

① https://www.youtube.com/watch? v = YfRG3S-uhEw.

2 军备——杀手机器的武器库

现代间谍是一台大计算机，它的任务是在千百万人的海洋中寻找敌人，寻找藏在无害干草堆里的危险针头，它受助于人工智能的自适应程序。间谍寻找目标，军队追捕它。

第一批智能武器系统与人工智能无关，它们是由计算机控制的制导导弹和巡航导弹，在 20 世纪 90 年代初被用于第一次海湾战争中。它们能够定位海岸目标和识别地形轮廓，它们从潜艇被发射出去，借助红外线导航（向下观察／向下射击），它们能够从很远的地方找到并摧毁目标，但它们的价格十分昂贵。

在 2003 年的第二次海湾战争中，我是"杜鲁门号"航空母舰上的一名随军记者，当时的舰载机飞行员对新的联合直接攻击武器（JDAMs）赞不绝口，它其实是一个不可制导导弹的弹道修正系统。JDAMs 可以用雷达或激光精确地导向个别目标，成本很低。就像巡航导弹一样，它们属于所谓的"外科手术武器"的范畴。这些武器可以有目的地越过居民区，制导到军事目标，这与第二次世界大战或越南战争中摧毁整个地区的地毯式轰炸形成了鲜明的对比。

这些武器确实很聪明,但它们不是自适应的,它们的程序是固定的,不能做出任何决定。它们从未被纳入人工智能的武器库。

但无人机不一样,它们颠覆了现代战争的策略。就像间谍活动中的大数据可以将敌人作为个人定位一样,作战无人机可以将敌人定为个人清除目标。

它们是新一代自适应武器中的一部分,它们属于在很大程度上尚未被众人所知的计算机武器库。它们可以在闹市中杀人,能够不受关注地到处出击。

老型号,如"MQ-1捕食者"或"MQ-9收割者"之类的无人机仍然(至少大部分)由人工操纵。我曾经考察过德国和美国的无人机基地,并与飞行员谈论他们的工作部署,尤其是在阿富汗的空军部署。

注视阿富汗的目光

中尉法布尼兹·巴赫曼(Fabrice Bachmann)①在凉爽的黄昏舒展着双腿,那是在阿富汗北部的一个冬天,一个宁静的季节,他很快就要去上班了。年轻的空军飞行员知道这里的常规,他预计即将开始的

①　人名已改变,见书末所附照片。

简报会议不会有什么特别的事情,然而这次不一样。

当他进入德国空军在马扎里沙里夫据点的任务室时,他立即注意到局势的紧张。飞行员们称那个地方为"箱子",一个充满高科技且没有窗户的房间。在这里的工位上,德国无人机被飞行员们操纵着用来监视地面部队、国防军车队以及阿富汗国际维和部队的盟军基地。它们在地平线后面监视着,发现狙击手和诱杀装置时会发出警告。德国无人机也可以追踪个体目标。

现代军事行动越来越少地针对某一个国家,或其军队或整个人民,而通常只是针对某一个体——通过大数据进行识别,然后使用自适应传感器定位,在空中用无人机进行跟踪。

高空鸟瞰侦察是国防军的任务。与美国军队的作战无人机不同,德国无人机目前还没有携带杀伤性武器①。

巴赫曼在简报会议中得知,他即将操纵的机器已经在路上飞了8个小时了,他从前任操作员手里接过了控制权,他的无人机正逼近阿富汗北部的目标地区。在接下来的几个小时内,无人机将开始行动,在巴赫曼轮班期间,这架无人机将开始其军事生涯中的第一次行动。

作为一名无人机飞行员,巴赫曼是庞大的盟军监视系统中的一部分。监听台和窃听器是这个系统的耳朵,而卫星传感器和远程操

---

① 截至本书出版时,德国无人机尚未配备武器。

纵的无人机是眼睛。无人机从高处俯瞰，观察地面的活动情况，将人与机器分类，识别并跟踪目标，直到配备"地狱火"导弹的美国"MQ-1捕食者"和"MQ-9收割者"作战飞机前往进行打击，然后行动结束。

在屏幕上，巴赫曼利用装在无人机机身上的摄像机广角镜头追踪地面的景象——虽不是高清画质，但对飞行有用。

"对我们来说目标识别是最艰巨的任务，"德国飞行员说，"这是朋友与敌人之间的区别，最终意味着生与死之间的抉择。"

这位25岁的中尉在这个行业算是新人。像大多数无人机飞行员一样，他曾经驾驶过"龙卷风号"战斗机。当他转换职业开始驾驶无人机时，同事们取笑他为"坐在扶手椅上的人"。

巴赫曼承认，转换职业并不容易。他年轻、训练有素，有着画册中英俊飞行员那样的帅气外表。他曾经驾驶漂亮的低空飞机"龙卷风"。"下降到草丛中去"，他这样形容战斗机在山谷中的低飞。当山峰在他的头顶经过时，肾上腺素迅速飙升。"感觉太酷了，"他说，"仿佛身下的'火箭'呼啸着飞越大地。"

现在，他坐在扶手椅上，摆弄着键盘和鼠标。这是一个全新的空军职业。虽然他的座位不再震动，也不再有力量牵动他的脸部，但他仍然认为自己是一名飞行员。

穿着飞行夹克坐在桌子旁

在工作中他仍然穿着飞行服，就像以前在驾驶舱里一样，对巴赫曼来说这是一个仪式。

"只有受过充分训练的飞行员才被允许操纵无人机。"他以前的上司,德国空军尹默曼 51 侦察中队(德国无人机的故乡)队长,汉斯-于尔根·克尼尔迈尔(Hans-Jürgen Knittlmeier)上校表示。"只有飞行员才能对空中发生的三维事件做出正确的判断。"这是国防部的一项要求,在德国空军中,每一名无人机飞行员都必须持有有效的飞行员执照。

巴赫曼查看他的仪器,他在这里进行试飞。在他面前的屏幕上显示着飞机的信息:航空燃料和 GPS 坐标、油压和温度表。他按照清单检查:爬升测定仪和转向指示器,通过;高度计和地平仪,通过。他使用耳机联系飞行控制中心,他的飞行计划必须与其他民用和军用航空器相互协调。

认为无人机只是模型飞机的想法是错误的。德国空军的"苍鹭号"无人机翼展 16 m,美国的"欧洲鹰 RQ4E 号"无人机翼展甚至达到 40 m,这比"空客 320"民用机型的翼展还要宽。

巴赫曼操纵的飞机要停靠的停机坪位于辽阔的北德平原上的一个不起眼的空军基地杰格尔。在那里一些"龙卷风号"飞机仍然在附近的羊群上方飞行,这是旧时代的遗留物。

猎人的武器已更新换代。以前的"龙卷风号"飞机停机库让位给下一代无人机——作战型无人机,这是德国国防部想要在美国采购的无人机。机场跑道被加长了,远程操纵设备已经安装完毕,一个"卫星天线阵"即将出现。远在德国的无人机可以通过卫星直接在石勒苏益格·荷尔斯泰因州被操纵。

手无寸铁地参加战争

这些无人机还没有配备武器,柏林的政治家仍然坚持这一点。他们在侦察型和作战型无人机之间做了过于细致的区分,但其实差异很小。巴赫曼的任务被称为"行动",这是武装攻击的军事术语。即使没有导弹装在他操控的无人机机翼下,这也属于武装攻击的一部分。

装在无人机机身上的摄像头和传感器是最好的军事高科技产品。由 EADS 子公司 Cassidian 在翁特施莱斯海姆(Unterschleissheim)制造完成。它们能够在 10 千米以外的高空找到一名战斗人员,然后在沙漠上追随其踪迹,甚至使用雷达透过房屋的屋顶查看屋内的情况。在道路上,软件能够根据类型和年份识别车辆,或检测任何可能造成陷阱的坑洼。摄像头日夜工作,图像自动与 GPS 坐标和卫星地图实时匹配。根据需求,图像可以实时转送到阿富汗国际维和部队的地面部队。这一天就有此任务,巴赫曼要从 10 千米的高度跟踪"有价值的人"。这是一场猫捉老鼠的游戏,一场悄悄进行且可能致命的游戏。遥控战争武器不是什么新鲜事,但是对从遥远的国度进行远程杀戮的行为是有新的道德评判的。"这不但是抽象的,就像电子游戏一样,"评论家谴责道,"而且这促进了杀戮者的游戏心理[①]。"

---

① https://www.blaetter.de/archiv/jahrgaenge/2012/november/der-neue-krieg-der-drohnen.(无人机的新战争)

克尼尔迈尔上校对这些持不同看法。与喷气式飞机飞行员以超音速下降并投掷炸弹实施杀戮的任务相比,无人机飞行员对其行动后果的体验要强烈得多,他们有时在好几天甚至好几周内会一直如影随形地跟踪目标人物,观察其日常生活,包括如何问候朋友、抚摸爱犬和告别家人。"这是非常人性化的情景,"一名飞行员说,"有时我们甚至会看到死者的葬礼。这绝对不是抽象的。"

估计还有 1 小时,巴赫曼的行动就可以结束了。阿富汗国际维和部队盟军在地面上的行动是可识别的,行动人员由不同国籍的军人组成。巴赫曼正在控制"苍鹭号"无人机在天空中环绕飞行。

"我想知道之后的行动是如何进行的。"巴赫曼不确定地朝他的新闻官看去,他对此不能发表评论。但他的行动是成功的,他可以说的就是这些。

我问他为什么更喜欢普通操作台而不是战斗机驾驶舱,更喜欢普通扶手椅而不是战斗机上的弹射座椅。

他用一个词回答——"未来"。

游戏机飞行员

这位中尉是对的,无人机是未来。但很可能未来的无人机行动连遥控装置都不需要,这很可能是一个完全无人的未来。

　　如今它们已经可以自己完成很多动作,比如起飞和攻击、返回和着陆。对于今天的军火制造商来说,未来的无人机可以完全独立飞行,这是毋庸置疑的,但对于军方而言,很多技术他们还不能完全接受。

　　即使只是从传统战斗机转变为遥控飞行机器的推行,对美国空军而言也不是一帆风顺的。资深的将军们认为,他们需要的是传统战斗机和远程轰炸机的作战范围、速度和承载能力。

　　传统战斗机的飞行员也有反对的声音,作为一代亲自"实战开火"的战士,他们看重自己作为顶级作战飞行员的地位。而现在的青年飞行员只在房间里操作计算机就能将令人垂涎的"翅膀勋章"钉在自己的空军制服上,这让他们十分愤怒。过去,这些勋章只授予那些在深蓝色高空中冒着生命危险完成任务的飞行员。

　　但是,作战无人机拥有更大的使用价值。在超级大国的战士对抗沙漠战士的非对称战争中,作战无人机可以有针对性地打击敌人,而不会对飞行员造成生命危险。

　　长期以来,资深军事策划人员都希望无人机战争能成为一种趋势。"我们应该继续打造像这样由我建立起来的无人机战队,"全球打击司令部的迈克·霍斯蒂奇(Mike Hostage)几年前说道,"但并非与这个时代相关。我还是认为人脑是最好的计算机,而人眼还是最好的传感器[1]。"

---

① Ae, David, "Air Force may be developing Stealth Drones in Secret(空军可能在秘密发展隐形无人机)", *Wired*, 2012. http://archive.wired.com/dangerroom/2012/12/secret-drones/.

这是过时的想法。

计算机和传感器技术正以指数级速度发展,这使得人类飞行员的优越性越来越低。

现代战士不必亲自去参战,控制战斗无人机的士兵们驻扎在离拉斯维加斯不远处的美国西部沙漠中。他们的工作场所是一个外部被涂上沙漠迷彩色、装有意大利面条形状的天线、不起眼的"集装箱屋",那里是美国克里奇基地,距离炸弹落地的战场 12 000 千米。当地技术人员的工作是维护和发射无人机,而无人机飞行由美国西部的男女士兵操控。

在日常工作日,飞行员们早上在 95 号高速公路旁的煎饼店里吃早餐,白天在"集装箱屋"里打击塔利班组织成员,晚上回家陪孩子做功课。

这些飞行员为自己的工作而感到自豪。他们将远程操控无人机打击敌人视为对美国国家安全做出的重要贡献。在射击时,他们要求当地团队在机翼上画上小炸弹——战争绘画,就像瞄准器上的凹槽。

公关人员告诉我"杀手无人机"这个概念不太准确。第一个词"杀手"没什么问题,无人机可以杀人,但是"无人"才应当是自行飞机的终极技术。美国空军的"掠夺者号"和"收割者号"是由飞行员来控制的,因此它们其实应该被称为"远程驾驶运载工具"或"遥控飞机"

（RPVs）。

无人机飞行员的"无聊"生活

"大小姐"玛丽·卡明斯（Mary Cummings）是麻省理工学院（MIT）的教授，她以前也是一名战斗机飞行员。美国五角大楼方面委托她调研无人机飞行员的工作流程，目标是简化软件使用方法并减少青年男女士兵的压力。

当卡明斯进入克里奇基地的无人机操作集装箱屋时，她十分紧张，她知道飞行员的工作时间长，操作技术复杂，这是个艰巨的任务。她看到了这份工作的压力，同时也发现了其中的"无聊之处"。

每一班无人机飞行约8—10小时，飞行员遥控无人机自行前往目标区域，无人机自动追踪人员或车辆，并可在目标区域上空绕行数小时，其间无须人工干预。虽然也会有肾上腺素飙升的时刻，但很少有并且很短暂：当一个目标人物出现，或一辆越野车接近盟军基地时，飞行员必须立即作出决定，在巨大的压力下，这是关乎生死的决定。

"大小姐"卡明斯记录了飞行员们的工作常态：躺在扶手椅上，嚼着花生，翻阅漫画书。卡明斯知道确实有这种"无聊"的高压力工作，例如消防员。即便是民用航班的飞行员也不会一刻不停地凝视天空和地平线。他们也会放松自己，让自动驾驶仪工作。

"当人变成全自动系统的保姆时，我们经常会遇到这种情况。"卡明斯说[1]。自适应软件变得越来越聪明,人的工作量和责任将会越来越少。人工智能将会驾驶无人机,观察地形,寻找可疑行动。若有必要,它可以发出警告信号并转换到人工操作。

越来越多的任务被机器接管,飞行员将不得不面临越来越多的空闲时间。根据美国空军的计算,如今普通无人机飞行员在一次飞行任务中有95%的时间是空闲的,在那些时间里无人机由人工智能操纵,未来这个比例将继续扩大。

下一代无人机已开始在空中执行任务。它们可以自动飞行,不需要人类飞行员,人工智能为它们做飞行决定。

不可见、不受注意、被忽视

有一种神秘的无人机"X-47b飞马",其三角形翼的外形酷似UFO,拥有喷气式客机的速度和远程轰炸机的航程。与以往的无人机不同,"X-47b飞马"可以携带重型武器,载重能力超过2 000 kg。

美国海军已研制出这种无人机,同时也解决了一个在远程控制无人机中存在的棘手问题——如何找到一个既安全、又隐秘、又靠近行动地点的着陆点。"X-47b飞马"不用担心这个问题,它总会找到自己的着陆点,它可以起降于航空母舰上。

此外,这种无人机的整个飞行过程可以完全不受人类干预。每

---

[1] Thompson, Gary, "Boredom may be Worst Foe for Predator Drone Operators(无聊可能是捕食无人机操纵员最大的敌人)", *Las Vegas Review-Journal*, 2012.

次飞行它都在自我学习。即使是着陆在一个正在行进的航空母舰上的高难度动作，它也能完美无缺地完成。除此之外它还是隐形的。

格鲁姆湖的幽灵

"在飞机本应出现的地方，人们只看到了云雾。这太不可思议了，就好像人们透过飞机看到了天空。"

飞碟观察者"迪"的一篇博客

"迪"于 1998 年在南加利福尼亚观察到的不是海市蜃楼——尽管这个事件最初只记录在 UFO 观测者的圈子里。"飞行在云雾后面"是 20 世纪 90 年代保密工作做得最好的军事机密之一——采用世界上最先进伪装技术的实验隐形飞机。

魔法斗篷梦

隐形战士的梦想如同战争一样古老。早在希腊神话中，冥神哈迪斯就拥有一件隐形武器，即所谓的"哈迪斯隐形斗篷"。穿上斗篷的士兵会变成隐形的。雅典娜曾在特洛伊战争中穿戴这件斗篷，以掩饰她参战希腊方的事实。

这毫无疑问是一件有效的武器，但长久以来这种隐形材料只存在于神话传说中。

人类第一次尝试实现它是在第二次世界大战中。20 世纪 40 年代初,美国海军用格鲁曼 TBM – 3D"复仇者号"俯冲轰炸机对抗德国潜艇,但它们存在弱点:德国军方能通过其深色机翼和引擎外形识别出这种飞机,一旦发现他们便立即下潜。

之后,美国海军科研人员开展了一个名为"耶胡迪(Yehudi)"的视觉隐身项目,他们围绕引擎外壳和机翼安装了灯带,飞行员可以对照自然背景光调节其亮度。这样,飞机在天空中的侧影难以被辨认。这个原理称为等光性,即人眼几乎不能区别亮度相同的不同物体。这个计划效果良好①,直到 1942 年年底出现了雷达。海军通过雷达就能探测和攻击远在地平线后面的敌军潜艇,不再需要光学伪装,耶胡迪被雪藏。

格鲁姆湖的幽灵

但有关隐形技术的研究还在继续,尤其是在美国的西南部地区,那里常常出现奇怪的目击事件。在广袤蛮荒的西部,有着传说中的格鲁姆湖建筑群,那里是绝密武器的试验场,也是无数谣言和传说的中心。

美国在冷战高峰时期建立了这个军事建筑群。1955 年,中央情

---

① http://www.wired.com/2008/05/invisible-drone/.(隐形无人机)

报局(CIA)开发了侦察机"U－2 龙夫人",目的是从高空侦察苏联军方情况,这需要一个远程测试站点。安东尼·托尼·利维尔(Anthony Tony Levier)奉命寻找。他伪装成一个休闲猎人,驾驶着一辆小小的比奇运动汽车穿越在边远地区。

在距拉斯维加斯以北 145 英里①处,它发现了一个好地方——一个干涸的盐湖,一片被群山围绕保护的僻静之地。直径 6 英里①的空地为修建一条长跑道提供了充足的空间,沙漠气候也适合飞行,这个地方十分完美。

这个盐湖以 18 世纪的一位名叫格鲁姆的淘金老人命名,它现在是秘密飞行测试的传奇地点,美国空军称它为"格鲁姆湖"。UFO 研究者称其为"51 区"。

51 区

这是一个富有传奇色彩的地区,也是无数阴谋论的源头。

第一个移居于此的项目是洛克希德(Lockheed)军火公司的"臭鼬(Skunk Works)"。之前这个项目是在加利福尼亚州伯班克市附近的一个高级机密研究基地中进行的,它被临时安顿在一个马戏团帐篷里,因为附近有一个发臭的化工厂,项目因而得此名。

在"臭鼬"项目中,洛克希德公司开发了"P80 流星"——美国空

---

① 1 英里＝1.609 千米。

军的第一架喷气式战斗机①。后来又生产了"U-2龙夫人""SR-71黑鸟""F-117夜鹰"等飞机以及更多新奇的、公众从未听过的航空器。它们有着奇怪的外形,飞行在不可预知的航线上,隐藏在神秘的伪装之后。

慢慢地,许多谣言出现了,居民颇为吃惊。只要有目击者向当局报告奇怪的现象或者拍到照片后,空军官员便匆匆出现。他们耐心地做笔录、扣押照片,并表示"会将一切上报给空军的UFO部门"。事实上,这只是为了防止秘密项目被泄露,照片落入坏人之手。

20世纪80年代,美国空军最保密的军事机密之一——洛克希德公司的"F-117夜鹰"战斗机第一次在这个地区飞行。在最高度的机密保护下,隐身伪装技术在格鲁姆湖地区被开发、制造和测试。在德国媒体的报道中,"F-117夜鹰"经常被错误地说成"隐形轰炸机"。首先,它不是轰炸机,而是一架战斗机("F"代表战斗机②);其次,飞机的隐身(stealth)技术不能真的使飞机隐形(invisible),它只是不会被雷达探测到。

然而,隐身技术终究是一个突破性的发展。在现代战争中,侦察飞机主要由雷达实现——通常在人类肉眼可见之前就能探测到。没有雷达警告,一架没有被探测到的战斗机可以在敌方防线后方飞行,

① 冷战结束后,"臭鼬"于1989年迁往加利福尼亚州的帕姆代尔。
② 美国空军术语称"F"机型飞机为战斗机,称"B"机型为轰炸机,如隐形轰炸机B2。

并毫发无损地返回。飞机的隐身通过特殊的飞机轮廓来实现。独特的边角和边缘散射雷达光束,飞机外层的雷达吸收材料涂层从而能够吸收射线。

隐身姐妹

如同隐身姐妹"F-22猛禽"战斗机和"B-2幽灵"轰炸机一样,"F-117夜鹰"战斗机于20世纪70年代被研制完成。直到20世纪80年代末,它的存在依旧严格保密。其战斗经验是在利比亚针对卡扎菲的炸弹袭击和两场海湾战争。敌人的雷达不能捕捉到它,当然也不能把它击落。

但这种飞机也有弱点,它们的空气动力学性能受到其粗大外形的拖累。就飞行而言,"F-117夜鹰"战斗机被认为是非常笨拙的,实际上是完全不稳定的。只有采用计算机控制的遥控自动驾驶飞行技术,才能操控这种高科技喷气式飞机。最大的问题是:喷气式战斗机对雷达隐身的技术,却使它让人肉眼看起来极其醒目;它的深色涂层、线条分明的外形以及缓慢的飞行速度(仅0.7马赫①)使其成为一个飞行中的射击目标。无须雷达或其他高科技的帮助,用肉眼和传统的防御导弹就可以将它击落。1999年3月27日,塞尔维亚士兵在波斯尼亚战争中证明了这一点。

---

① 1马赫=1 224千米/小时。

一位名叫德拉甘·马蒂奇(Dragan Matić)的上尉观察到一架"F-117夜鹰",然后对这架飞机发射了一枚"S-75"火箭。17秒后,火箭击中了其左翼,飞机分离了,之后第二枚火箭击中了飞机主体。美军飞行员得以在最后时刻用弹射椅自救,而他驾驶的高科技飞机(价值5亿美元)坠毁在森林中①。

一个超级大国的精锐武器被一支丛林游击队像打掉一只"泥鸽"一样从天上击落,这对于美军来说是一次巨大的失败。对于制造商洛克希德来说也是如此,雷达隐身不再是伪装技术的终极目标。

实实在在的隐形斗篷

位于五角大楼的研究部门美国国防部高级研究计划局(DARPA)签订了大量关于光学隐身技术研究的合同,也就是基于"哈迪斯斗篷"意义上的技术。

当陆军研究人员试验气流和各种材料时,空军打算在海军"耶胡迪"项目经验的基础上研制一种新颖的伪装技术,其不局限于灯光环境。他们想要制造能根据天空变化而随时做出调整的飞机皮肤。

在实验飞机的机翼下,他们黏附了一层发光二极管,高强度光回放的电视显像管(所谓的"智能皮肤")。它不仅能像"耶胡迪"那样模拟环境中的亮度,还能通过机翼上方的传感器不断地感知天空,将

---

① http://german.ruvr.ru/2013_04_22/Sowjetische-Rakete-hat-eine-F-117A-abgeschossen/.
(苏联火箭击落了一架F-117A)

天空的实况转播投射到机翼下方。一架喷气式战斗机变成了"变色龙"，对未经训练的人眼来说仿佛飞机是隐形的，对于 UFO 博客"迪"来说这非常神秘。

今天已经有许多 DARPA 研制的光学隐身飞机在空中飞行。《航空周刊》等专业期刊偶尔会泄露测试飞机的详细信息。当地居民们也会偶尔报告在 51 区附近观察到的奇怪景象，但飞机本身受到最严格的保密。官方的说法就是不存在这种飞机。然而，无人机是个例外。

翱翔的飞马

五角大楼新闻办公室公布的通告称诺斯罗普·格鲁曼公司（Northrop Grumman）的"X－47b 飞马"如今已经正式开始执行任务。

"X－47b 飞马"与当今的杀手级无人机有着跨越性的不同。它身形轻巧，全副武装，自给自足。一方面它的喷气推进力使其能达到很快的速度；另一方面，它拥有很大的燃料储备，因而具备极大的飞行范围。无人驾驶飞机可以飞越超过 4 000 千米来搜寻目标，攻击后返回航空母舰，不需要人的帮助。它的整个飞行都由人工智能控制（自适应的人工智能）。它对雷达有常规的隐身效果，它也是第一架使用附加光学涂层隐身外皮的美国无人机。

此外，与无人机"MQ1 捕食者"和"MQ9 收割者"不同，"X－47b 飞马"能够自给自足，它不需要飞行员进行遥控。它可以独立完成任务,并能完美地完成飞行中最艰巨的任务之一——自动起飞与降落在一艘行进中的航空母舰上。人工智能在驾驶舱里主导其飞行。它会作出所有的决定,除了所谓的"击杀决定"。法律规定这一项仍须保留给人类操作人员,至少目前还是这样。

人工智能作为杀手

任何看过制造商和军事规划者的内部文件的人很快就会发现,这最后的限制可能会在短期内被取消,也就是说不久的将来可能由机器决定目标的生死。这项技术已经存在,而且已经安装在许多无人机中。

在一份长期规划文件中,五角大楼描述了这样的未来:无人与人工控制的武器系统完美地合作,同时人的控制和决策力将不断减少[①]。

在陆地上,军事战略家们对武器机器人的设想基于"目标完全独立于人类的决定"的理念,即自动行驶,装载大型火炮进入战场,跟踪敌方目标,并独立决定是否应当打击杀死。

在海上,美国海军也有自己的发展远景。虽然现在听起来还是有点超现实主义,但以下的情景是可以想象的:无人潜水艇发现、跟踪、识别和摧毁敌人——一切都是完全自动的[②]。

---

① 美国国防部,"无人系统整合计划",FY 2011 - 2036。
② 美国海军部,"海军无人系统主计划",2004。

但美国军队绝不是唯一一个想要拥有由人工智能独立控制的智能军事力量的国家,其他国家也有类似的野心。

韩国拥有自动岗哨"SGR－15",用来通过传感技术监测与朝鲜的非军事化边界。当机器人检测到入侵者时,它可以用 5.5 mm 机枪或 40 mm 榴弹炮进行射击。目前,开火命令最终由指挥中心的士兵发出。但其实机器人中内置有一个自动调节的人工智能,如果有必要的话,它完全可以自行作出射击决定。

未来属于机器人飞行员

未来,机器人才是更好的飞行员。军火工业中的许多预见者都相信这一点,机器人飞行员的时代将会到来。

人类飞行员有很多的需求:他们需要空气和水、氧气和卫生条件、安全保障和弹射椅;他们需要空间和休息、训练和激励、大量的赞美;还有空调、舒适的环境及通信设备。这让飞机增加了很多重量。此外,人类飞行员还有无数的缺点,他们会受到情绪波动的影响:好胜心和家庭口角、竞争压力和疾病、焦虑和傲慢。他们的工作时间和工作量也受到限制,他们的训练成本很高并且要持续多年。

与人类相比,机器没有这些问题。它们既不需要氧气,也不需要弹射座椅;既不需要生活场所,也不需要休息;它们也不需要紧急情况下的高风险救援行动,它们是可替代的——快速而廉价。

此外,与人类相比机器也非常健壮。它们可以做极端的飞行动作,无须担心致人死亡的重力加速度因素,它们可以迅速避开敌方的导弹,为了避免被敌方雷达捕获,机器人飞机还可以轻松地自行翻身——这对于人类飞行员来说是无法想象的。

还有一个决定性的差别是,在无人机被击落时不会有人员伤亡。目前人们牺牲机器人来拯救飞行员的生命,至于将来机器人是否会接受这一点,我们拭目以待。

自动驾驶、能完成洲际飞行任务并具有革命性飞行性能的无人机属于未来空军的武器库,很可能也属于未来的人工智能武器库。它们可以评估大量数据,并在微秒内做出关键决策。这些系统大多数基于人工智能。

还有一些机器人非常小、非常讨厌、非常聪明。

军用蚊子和微型武器

"一切都往小处想。"一位美国空军上校设想出一个拥有数以千计的无人驾驶微型飞机的舰队,它们飞越敌人的边界,不为地面部队所知,也不会被雷达监测到,这些微小的"军用蚊子"目的明确地潜入敌国内部。按照这位上校的想法,一个智能集群可以在几个小时内关闭敌人的防空防御系统并使其瘫痪,而敌人对此束手无策。

上校设想的舰队由一群小型飞行机器人组成,每一个都比苍蝇还要小,但它们能够完美地飞行并在紧急状态下武装起来进行集体性攻击。按照相应的程序,它们可以飞入敌国的计算机中,嵌入其硬件内部并触发短路;它们也可以像《神风敢死队》一样堵塞步枪的枪膛,或者把毒药注入敌方士兵的眼睛里。

这些都来自科幻电影吗?是斯蒂芬·金(Stephen King)①的新惊悚片吗?完全不是这样!

上校的设想是现实,他的名字是约瑟夫·A.小恩格尔布雷希特(Joseph A. Engelbrecht Jr.),而关于"军用蚊子"的构想是高级军事研究计划"空军2025"中的一部分,这是在他的领导下在位于科罗拉多斯普林斯的美国空军军官学院进行的项目。他在3 300页的相关工作报告中介绍了美国未来可能受到的军事威胁和美国空军未来几年需要发展的革命性技术。

位于俄亥俄州莱特帕特森空军基地的美国空军研究所空中车辆管理局为此通过一个计算机动画展示了这种微型无人机的工作方式。动画显示了一个"黑色蜂群"如何由洲际导弹投下,然后在一个大城市的

---

① 斯蒂芬·金是一位屡获奖项的美国畅销书作家,编写过剧本、专栏评论,曾担任电影导演、制片人以及演员。斯蒂芬·金作品销售超过3亿5 000万册,以恐怖小说最为有名,还有科幻小说、奇幻小说、短篇小说、非小说、影视剧本及舞台剧剧本等。他在2003年获得美国文学杰出贡献奖章。斯蒂芬·金的每一部小说几乎都曾被搬上银幕。据说,论原著被改编为影视剧的比率,斯蒂芬·金可以排第二,第一是莎士比亚。很多人虽然没读过他的书,却为他的电影痴迷,其中最著名的是《肖申克的救赎》《闪灵》《危情十日》《魔女嘉莉》等。——译者注

上空飞来飞去,战略性地降落在百叶窗和电线杆上,并将可疑人物的照片无线传送给指挥中心。遵照命令,军用蚊子可以穿过房屋追踪某一目标,其中一只可以悄悄地盘踞在目标人物的耳后,然后引爆炸弹[①]。这是令人印象深刻的动画场景,也是军方对未来的憧憬。

可以进入眼睛

五角大楼的战略家们确信:在未来几年内,军火工业将能够生产出功能性的战斗机器,它们比黄蜂还小,装载雷管炸药并具备自动驾驶和人工智能。

因为微型武器制造成本不高,大规模量产是可行的。它们可以被投入到几百个战场中,或者用于情报机构。还可以用于窃听攻击,比如微型无人机深入敌人的摄像头和麦克风中,也许这一幕就发生在总参谋部里。他们可以将沙子扔进坦克的变速箱中,沙子钻入油箱或使敌军的防毒面具无法使用。

预报和破坏间谍活动是它们的首要任务。它们可以通过空调系统渗入地下数据中心,蜂拥着骗过日益完善的监视系统。一旦它们进入,就能损坏硬件、掌控软件或者不起眼地漂浮在角落里并拍摄和记录密码。

---

① "Micro Air Vehicles (微型空中运载工具)", AFRL Air Vehicles Directorate, afrl. rb. marketing@ wpafb. af. mil, produziert von Media Communicatios, General Dynamics, Dayton, Ohio.

这种尖端计划是由五角大楼研究机构 **DARPA** 的科学家制订出来的，他们的工作是把民用发明用于军事技术开发。"空军 2025"计划总共包含了 43 项新兴技术，微机械领域成为最重要的十项技术之一。

集群行为

如果距离太远，这些小家伙们很可能无法返回，因此比较可行的方法是用大型飞机运送它们，例如用一架"F－117"隐身战斗机，它将装满一集装箱的微型飞行器从城市上空投下，成千上万个致命的微型飞行器蜂拥而出，每一个都有各自的作战任务。

聪明的小家伙们在很大程度上可以自行完成它们的工作。"空军 2025"计划的研究假设微型飞行器能通过"飞行"或"爬行"接近它们的目标，并能"全部自主地"执行作战任务。也就是说，它们是由人工智能控制，没有人的支持，没有人的监督，也可能不受人类道德的约束。此外，它们是隐身的，雷达探测不到，对肉眼来说又太细微。

然而，从这个设想提出到真正形成一个有效的军事系统还有一段漫长的路要走，费用也是昂贵的。五角大楼方面目前已经为微型武器领域中的 50 多个秘密军事项目投资了数亿美元。

集群行为是一个重要的研究领域，也是微型武器的一项关键技术。微型飞行器必须学会一起飞行，同时彼此躲闪，还要服从命令，必要的时候还能够忽略命令随机应变。

在哈佛大学机器人实验室研究人员的桌子上,摆放着微型机器人的模型。在实验室里,1 000 颗微小的珠子成群结队地在桌面上滚动,每一个珠子都是一个带有三条腿的机器人,它们拥有自己的智能,互相传送数据并形成队列。任意一个机器人珠子的任何一个错误都将由其邻近的珠子来纠正,无须人的干预①。集群行为是由小机器人自行传授的,这需要很大的独立性和很强的智能性。

黄蜂与杀人蜂群

集群是一个重要的军事战略概念。任何曾经与黄蜂打过交道的人都知道,保护自己不受蜂群的攻击是多么困难。

五角大楼方面的军事策划者希望向黄蜂学习蜂群是如何进攻的。同时,当美国公众因为南美杀人蜂的入侵而感到震惊时,DARPA的研究人员清醒且仔细地观察生物学家是如何阻止蜂群的,结果防御无效,蜂群自如地通过国家边境,研究人员放心了。(这似乎意味着在战争中,他们的"杀人蜂群"也能安然通过)。军方内部有人开玩笑说,只能用低科技来阻止微型飞行器,比如用苍蝇拍。

水面无人艇

美国海军也在研究机器人集群战略,但是他们的无人机器不能飞行。

---

① http://www. stern. de/wissen/technik/kilobots-riesiger-roboterschwarm-bewegt-sich-information-2131166.html.(上千巨大机器人群移动成形)

在"9·11事件"发生的前一年,2000年10月13日,基地组织冒死正面攻击美国的武装力量。当"科尔号"驱逐舰在一次例行访问中停泊于亚丁湾港补充燃料时,两个男人驾驶一艘开放式小艇靠近了舰艇。他们在舰艇旁边引爆了炸药,舰艇头部被炸开了一个直径约1 m的洞。6名船员死亡,35名船员受伤。这是一次自杀式袭击,也是一次严重警告:恐怖分子可能使用低科技造成巨大的损失,即使对于一个超级大国的海军也是如此。

伊朗海军也试图用小船骚扰美国海军。在掩护攻击中,它们成群结队地接近并包抄美国的大军舰。这些事件使五角大楼重新考虑战略:如何能够有效地对抗橡皮艇的集群攻击?答案是水面无人艇。

2014年10月,美国国防部海军研究办公室提出了新一代无人艇,艇上配备50 mm口径机枪。在华盛顿附近的一条河上,这些无人艇表现出它们的集群能力,它们自动行驶、紧密合作,每一艘都可以自行决定是否对敌人的船只进行围困、阻拦或射击,这充分展示了使用无人艇进行集群攻击的可行性。

这项技术部分取自美国宇航局开发的火星机器人,通过算法来控制路径、操纵和部署,整个过程完全由人工智能控制,当然军队战士跟踪每一项任务,并可以随时接管控制。

这种无人艇绝不仅在水面使用。在水下,自动控制的无人潜水器也被用于各个方面,例如民用方面用于船舶打捞和海底电缆布线控制、海军方面用于排雷和潜艇防御。特别是在通信困难的深水,可独立作业的无人潜水器十分有用。

就像空军使用的无人机一样,水中机器人也能够自行发出射击指令①。根据制造商描述,它们已经能够分辨朋友和敌人,并且可能比人类射手更加精确。目前,射击的决定权依据法律仍然保留给人类。

杀手机器人出现在陆地、水中和空中,它们是人工智能的一部分,在很大程度上可以自给自足,在任何时刻都能够完全自主地进行协调攻击,这是技术的现状。

虽然它们有这种能力,但现在还不被允许这样做。事实上,这只是一个时间问题,也是一个国家制度问题,即何时和哪个国家最先允许的问题。

原子弹和不起眼的小球

在离克里奇空军基地不远的地方,那里的年轻飞行员控制着世界各国军事基地中的杀手无人机。在格鲁姆湖偏东地区,隐形战斗机冲向天际,下面有一片白沙盐沙漠,这是美国最有争议的研究机构

---

① Vergakis, Brock, "Navy: Self-Guided Unmanned Patrol Boots Make Debut(海军:自操纵无人巡逻艇的首秀)", *Associated Press*, 2014.

所在地之一。在该区域的北部边界有一个黑底金字纪念碑提醒我们，历史上第一颗原子弹于 1943 年在这里爆炸。

它是在附近的劳伦斯利弗莫尔实验室研制完成的。今天这里依然是进行高度敏感军事研究的地方。因此，它是一个令研究者兴奋的"旅行目的地"。

一位欧洲军火和航天工业领域中的教授被认为是极有头脑且颇有远见的人。他的研究影响着武器技术的未来，他致力于一切有可能的研究课题，还有很多"不可能"的研究。

当访问劳伦斯利弗莫尔实验室时，他满怀好奇。"现在冷战早已结束了，"这位教授询问一位在那里工作的物理学家，"那你在做什么？"

"研究小球。"美国人答道。

教授后来得知所谓的"小球"是一种尖端武器，是未来由计算机控制的军事技术的一部分。在那个秘密实验室里，美国科学家为战场开发了自给自足的成套传感器，即无人值守地面传感器，它们可以作为无人监管机器人在偏远的地方充当人类的眼睛、耳朵和鼻子。它们和网球差不多大小，是未来远程控制战场的核心。没有人工智能，"小球技术"无法实现。

除了无人干预的杀手无人机和隐形战斗机外，传感器如今已成为现代战争中的第三大支柱，并且已经与美国当前的军事战略契合得最好。

一次性传感器

它们的制作成本低廉,可以大批量生产并遍布在边远区域。对于军方来说,利用它们对伊拉克或阿富汗的无人草原实施监视是一个受欢迎的解决方案,美军从那里撤出了他们的地面部队①。

这些传感器伪装成石头或不起眼的小球躺在地面上,通过摄像头、麦克风和热探测器被动观察和记录所有的活动。有些还配备微电子气体传感器,可以探测到化学武器②。

作为武器系统,这种封装传感器具有一个决定性的优点:它们易于保养,除了需要少量的电力,几乎不需要其他维护。与人不同,它们不需要吃喝或保暖。如果它们被损坏,也不需要医疗帮助。即使它们被完全损坏,所造成的经济损失也只在五欧元以下。

这种观察技术并不是新开发的。微传感器或 MEMS③ 在民用领域有着广泛应用,它们比人的毛发更细,比地震仪更灵敏,可以测量到极小的压力变化,例如它们被用作安全气囊的运动探测器,其他的应用有测量仪器和模型汽车、GoPro 照相机和大厨房、智能手机和运动服装。

---

① Mey, Professor Holger, im Gespräch mit dem Autor(与作者的谈话), 2014.
② 正统的科学家,姓名改变了。
③ Micro Electro Mechanical System,微机电系统,指尺寸在几毫米乃至更小的机电装置。——译者注

传感器技术突破的关键是遥测,它能使来自遥远国家的信息传输成为可能,还有一个智能软件能够组合和分析海量数据。在实践中,远程传感器存在多个可能出错的方面,如电子器件可能失效,麦克风可能被污染,照相机镜头可能朝向地面。这些问题需要进一步完善改进了。

软件应该自动消除故障造成的缺陷。按照目前的技术水平,缺失的图像可以根据图像外推生成,并与历史图像和卫星照片比对。虽然不完美,但这种仿真可以产生惊人的结果。

人们借助现代传感器技术将一切联网。大数据被整理、无用的信息被过滤,相应的趋势被分析出来,人们尽最大努力使大画面清晰地显现出来。在军事行业,这些由所谓的"融合软件"完成,其目标是呈现一张完整的地形图,这是每一位军事家渴望得到的。

"融合软件"可以评估、分析及结合语音碎片和阴影裂缝、卫星定位和人脸识别、地面震动和背景影响,并将其综合到一个可用的工作报告中,同时也会尽可能地考虑侦察士兵和间谍。这是现代软件分析的高级艺术:对一个来自远方的敌人的模式、行为、意图和目标进行识别。

为此,DARPA 签订了一个名为"洞悉"的大规模软件项目。这个耗资 7 900 万美元的项目旨在自动评估和融合来自空中、海洋和地面的数据,其中的难点是对不兼容数据源的组合。这对于人脑来说是很轻松的事,人脑每天都会把来自眼睛、耳朵、鼻子、神经、嗅觉和味觉的不同信号进行分类,并且可以毫不费力地解析这些信号,最终将它们整合在一起,形成一个有意义的整体图画。但对于以往的信息技术系统,不同的软件、信号、协议和存储介质都可能成为噩梦。信息技术人员会为此搓手顿足,而又无计可施。今天的自适应人工智能可以抽丝剥茧地解开谜团,它可以解开不兼容的数据,人工智能的算法就是为了支持信息技术人员的逻辑而产生的。

在军事上,融合软件是评价大数据的关键。在广袤的瓦济里斯坦地区,它帮助无人机飞行员识别外国车辆;在索马里的草原上,它自动跟踪"博科圣地"[①]的行踪[②]。

没有战士的战场

技术的发展意味着在不久的将来我们要面临没有士兵的战场。在那里,战事由人工智能来控制,并且尽可能地以自动化武器系统为主导。根据目前的技术状况,目标人物是根据计算机中储存的恐怖分子资料进行选择的。服装和装备、集体行为和背景声效、车辆类型和驾驶行为等特征是至关重要的。目前由自适应软件先进行预选,

---

① "博科圣地"成立于 2002 年,主张在尼日利亚推行宗教法律,反对西方教育和文化,被称为"尼日利亚的塔利班"。——译者注

② Keller, John, "BAE Systems names industry team to help DARPA unify imaging and military intelligence sensors(BAE 系统指定工业团队帮助 DARPA 统一图像和智能传感器)", MiliaryAerospace.com, 2014.

之后由人类作出击杀的决定,但军事领域中的一些人相信,在不久的将来,机器可能会发出射击命令,硅谷的许多"聪明人"也担心这一点。

对抗超级大国的武器——草垫

塔利班、基地组织和"ISIS 组织"(伊拉克和大叙利亚伊斯兰国)的沙漠战士们对无人机并非没有应对措施。从他们栖身处找到的文件中可以看出,本·拉登在他死亡之前就认识到这种高科技武器的危险性。法国的情报机构 DST 最近在马里发现了一本精心编写的基地手册,记录着他们的简单应对手段。对于高科技的挑战,基地组织找到了低科技的解决方案。

在廷巴克图的市场上,法国特工监视了购买祈祷毯的基地组织战士。他们对由羊毛或合成纤维制成的优质产品不感兴趣,而是购买便宜的草垫,五十块左右,他们很难承受更多的花费。情报人员很快就发现了其中的秘密。基地组织战士知道美国的无人机通过红外传感器定位发热的引擎,于是他们在沙漠里把草垫铺在引擎盖上,用廉价的伪装对抗超级大国的传感器,这种方法便宜但有效。

反监视的时尚

与这种简易的伪装手段形成鲜明对比的是纽约时装设计师亚当·哈维(Adam Harvey)设计的昂贵伪装服装。在纽约布鲁克林区的高级公寓的阁楼里,这位年轻的美国人设计了一组能够对抗无人机传感器监视的时装可收藏品。这些时装属于金属织物，有犹太人常穿的连衣衫，也有波卡（罩袍）①式样的服装，它们可以阻止体内热量泄露，无人机的热传感器检测不到穿上这些衣服的人。

如今，五角大楼的能工巧匠不仅需要准备好在中东不对称战争中对抗原始装备的逊尼派战士，他们还必须考虑到其他各种新兴的技术，以及各种打破传统思维的新型武器和战略。

虚拟战争时代

美国中央情报局局长詹姆斯·克拉珀（James Clapper）于 2014 年 6 月在参议院发表了一个惊人的声明：恐怖袭击已经不再是对西方安全的最严重威胁，而网络构成的威胁相当严重。他的结论是：信息社会的弱点，即大数据决定了当今超级大国的安全状态，新的世界大战可能是一场网络大战。当他向公众就这个话题做演讲时，公众还没有意识到这个问题。

同样，我估计正在读这本书的读者也可能没有注意到本书开头的几页内容。在本书开始部分，我描述了许多新兴的军事技术——隐形飞机、致命的微型武器、传感器控制的战场，这些都是单独的武器

---

① 阿富汗和部分巴基斯坦妇女穿着的从头到脚遮盖只有眼部是稀疏织物的服装。——译者注

系统。然而,它们共同组成了一个新的高科技军火库。人工智能将一个个单独的系统融合起来,这就产生了一种全新的作战方式:网络战争。

这里指的不是业余黑客的日常小攻击——出现在公司主页上的卡通魔鬼或新闻中的僵尸消息。它们的攻击虽令人恼火,但相对无害。即使更严重的攻击,如网站被"分布式拒绝服务"(DDoS)攻击或数百万邮件地址被盗,这些都远远达不到网络战争危及国家安全的严重程度。

我们应当担心的是另一种危险:网络战争可能带来社会文明的彻底毁灭。采用现代软件,网络战争可以使世界各地的电力供应和道路交通、电信和金融世界(涉及现代技术的一切)都全面瘫痪。

在以前的战争中,士兵轰炸敌国的城市和桥梁、原料来源和军事工厂。而今天,作战的武器不再是炸弹,网络战士攻击敌方的基础设施造成网络破坏,目标是无线电发射塔和电视塔、石油港口和铀浓缩工厂、电子工程设施和电子邮件存储器。更可怕的是,攻击可以由人工智能匿名且远程控制,其后果可能是毁灭性的——整个被攻击的地区没有水或暖气,没有飞机或电视新闻,没有卫星或供电。

网络战争不是科学幻想,今天这一切已经可能发生,而且现在已经在进行了,超级大国在颤抖。詹姆斯·克拉珀将网络战争的威胁分为两类:网络间谍和网络攻击。攻击的目的是造成物理硬件的损坏或数据的混乱或删除,攻击行动可以从中断较小的服务中心到损坏发电机,进而造成整个城市的长期故障。那些曾经让我们的文明变得如此强大的高科技,同时也让它变得十分脆弱。美国政府的一项研究得出结论:仅对 9 个变电中心实施攻击,就足以使整个美国从西海岸到东海岸的电力供应全面瘫痪①。

这种说法并非空穴来风,我们已经处于网络战争的早期阶段,一些攻击计划已经开始实施。它们是无形的冲突,是在不为公众所知的情况下进行的,是情报机构的秘密活动。但有时候,有些细节会被泄露。

秘密战争

2011 年 11 月 12 日,伊朗远程导弹试验的准备工作正在全速进行。革命卫队的研究精英们聚集在一起,包括他们的上司,少将哈桑·莫坎达姆(Hassan Moqaddam)。然而在发射台上发生了一场巨大的爆炸,整个测试站点被摧毁,卫星照片显示设备和建筑物被夷为平地,莫坎达姆和 17 名顶尖的武器研究人员身亡。

迄今为止,炸弹的来源或肇事者尚未确定,有可能是蓄意破坏。无论如何,这起事件使伊朗的核计划倒退数年,以色列对此并不感到难过。对以色列来说,秘密的战争行为并不罕见。伊朗的核计划长期以来一直受到摩萨德情报机构的关注。伊朗核研究人员被认为是

① US - Regierung(FERC).

不被保护的人。以色列希望不择手段地阻止伊朗成为核大国。摩萨德特工跟着这些研究人员去贝鲁特度假或去大马士革出差。如果时机合适,他们会将带磁性的炸弹吸附在对方的汽车的底盘下面或者直接在街上开枪,这是老式的特工工作。

"震网"病毒(Stuxnet)

但摩萨德也有现代技术。以色列的信息技术产业是人工智能方面的先驱,也是他们在网络战争中的军火工厂。摩萨德的目的是摧毁在纳坦兹地下的浓缩铀工厂。特工们很难接触那里的工作人员,工厂位于库赫鲁德山脉的花岗岩下,空中打击也无法实施。摩萨德最终选择了网络。

一种名为"震网"的攻击性蠕虫病毒被开发出来,并渗入伊朗的铀离心机中。这是一个非常有效的计策,离心机中的敏感部件被感染后,它立即像一台超负荷的洗衣机一样开始疯狂摇晃。在很短的时间内,敏感部件开始变形弯曲,总共有 2 200 台铀离心机被这种病毒摧毁,这对伊朗来说是一个沉重的打击。

事件发生在 2000 年,"震网"是第一个大规模摧毁硬件的病毒,这是对网络战争常规手段的突破。开发这个计算机病毒的成本估计为 900 万欧元,这是基于它造成的军事损害而估计得出的①。

---

① Karabasz, Ina, "Der Spion, der aus dem Netz kam(来自网络的间谍)", *Handelsblatt*, 2014.

直到今天人们还不完全清楚开发这个蠕虫病毒的人是谁。美国中央情报局喜欢在这些问题上保持沉默，而以色列摩萨德喜欢吹牛，二者都不可信。

不管是谁，那之后不久又发生了一次攻击。其继任病毒"毒蛇"击中了伊朗的另一处敏感地点：哈格岛战略港口的泵站瘫痪了好几个月，造成数十亿美元的损失。

伊朗人不打算置之不顾，德黑兰的技术人员反击了。他们开发了自己的攻击性病毒，并投向对手。这虽然没有太多新闻报道，但每次都奏效了：

在"震网"攻击发生的约两年后，一只奸诈的蠕虫病毒攻击了沙特阿拉伯石油公司（Saudi Aramco）。它攻击了3万台个人计算机，删除了这个石油巨头约3/4的数据，电脑屏幕上还出现了一面燃烧的美国国旗。几周后，一个类似的病毒攻击了美国盟国卡塔尔的国家能源公司卡塔尔天然气公司（Rasgas）。随后还有许多病毒攻击，例如：

Regin病毒（从名称看出，该病毒显然是由一个西方情报机构编写设计的）于2010年被美国公司赛门铁克（Symantec）披露，这个特洛伊木马主要在俄罗斯肆虐，监视和扰乱生产流程。

美国陆军和《纽约时报》官方网站遭到"叙利亚电子军队"的攻击而导致瘫痪。据专家说，地下组织的背后有一个国家间谍机构，它支持叙利亚总统阿萨德。

一种名为 Shmoon 的病毒专门攻击阿拉伯美国石油公司和美国运通、花旗银行、雪佛龙、贝宝、Hotmail、亚马逊、eBay、脸书、Gmail、万事达卡、Visa 和雅虎的 Cookie[1]。据称 Shmoon 是一个国家级间谍产品，它在 25 个国家感染了大约 2 500 台计算机。

"这种攻击可能使石油和能量设施、中央银行和电话供应商瘫痪。"Infowatch 公司[2][3]的安德烈·泊左洛夫（Andrei Prozorov）警告道。

攻击行动被公开发布是相对罕见的，大多数时候是不明确的，有时甚至是凭空想象的。情报机构始终保守秘密，大公司也不喜欢暴露他们的"弱点"。知晓内幕的人们大多对之保持沉默或者予以否认。这对社会大众造成的后果是：我们对网络攻击几乎一无所知，我们既不了解自己国家的成功，也不知道其他国家的威胁。

克里姆林宫的网络战士

还有一些引人注目的网络战士来自俄罗斯。Recorded Future 公司的首席执行官克里斯托弗·阿尔伯格（Christopher Ahlberg）说："俄罗斯希望显示出自己的技术力量。"他调查了来自俄罗斯的三款重要的恶意软件产品：Uroburous，Energetic Bear 和 APT28。经分析得到，

---

[1]　互联网公司储存在用户本地终端上的数据。——译者注

[2]　Galiya，Ibragimova，"Regin malware targeting Russia detected on the internet（针对俄罗斯的 Regin 病毒在互联网上发现）"，*Russia Behind the Headlines*，2014.

[3]　Karabasz，Ina，"Der Spion, der aus dem Netz kam（来自网络的间谍）"，*Handelsblatt*，2014.

这几个病毒在结构和组成上非常相似,但每种病毒都有自己的攻击目标。

Uroburous(G 数据软件公司命名)在 2008 年首次被发现,它的目标是政府、国防工业和基础研究,使用网络钓鱼技巧[①];Energetic Bear(CrowdStrike 公司命名)的目标是航空、能源和管道工业,它被设计用于在受损伤的系统中长期停留。"它可能用于军事攻击。"Recorded Future 公司相关人员判断[②]。

APT28(FireEye/Mandiant 公司命名)的目标是北约和东欧国家政府,该病毒已多次被证实起源于俄罗斯[③]。

在俄罗斯于 2007 年与爱沙尼亚发生的争端以及于 2009 年与吉尔吉斯斯坦发生的争端中,当地政府的官方网站因"分布式拒绝服务"的攻击而瘫痪;在俄罗斯坦克旅于 2008 年入侵格鲁吉亚时,格鲁吉亚国家网站也遭到干扰,包括总统主页和批评莫斯科的媒体的网站,例如 www. news. ge。攻击方式总是相同的,只要军事行动继续,互联网站就会遭到攻击。一旦行动完成,攻击立即停止。

在 2014 年俄罗斯与乌克兰的克里米亚地区发生的冲突中,攻击

---

① 也被卡巴斯基公司称为 Epic Turla 或被 BAE 系统称为"Snake"。
② 也被卡巴斯基公司称为"Crouching Yeti";被 iSIGHT 公司称为"Koala Team"或被 Symantec 公司称为"Dragonfly"。
③ 也被 iSIGHT 公司称为"Tsar Team";被 Eset 公司称为"Sednit";被 Crowdstrike 公司称为"Fancy Bear"或被 Trend Micro 公司称为"Operation Pawn Storm"。

升级了。居民的移动电话因干扰信号而中断,与重要社会媒体的联系被扰乱,与大陆的互联网连接完全被切断。

克里姆林宫当然还有其他完全不同的网络武器储备。他们可以使电话网络和卫星定位、无线电和电视,甚至整个国家的电力供应瘫痪。从苏联时代起,乌克兰和俄罗斯之间的互联网络就是相互紧密交织在一起的。基辅遭受的一次网络攻击可能会造成俄罗斯方面无法预料的损害。

使用网络武器的一方会向对方暴露自己的武器库里有什么装备。有时候,不让对手知道自己到底能做什么或不能做什么,会显得更聪明一些。

在寂静中打盹

网络犯罪是一个很大的竞争领域,有各式各样的玩家,赌注高、风险低。数以百万计的电脑蠕虫年复一年地进入这个市场。仅在2014 年,Symantec 公司和 Verizon 公司就捕获了 3.17 亿个新的恶意软件程序,这意味着每天新增加的病毒有近 100 万个。

无论是人为监督或常规软件都难以满足对这么大量的恶意软件进行监管。这些只能够由高性能的计算机和自适应软件来处理。监视只能留给人工智能,它向每种新病毒学习新诀窍。我们得让计算机来监控计算机,我们必须明白,开发人工智能的程序员往往不会知道自己开发的自适应软件究竟在做些什么。

新的网络战争正在新的时代中出现。没有人知道会出现什么样的新威胁,危险的鲨鱼安静地在深水中游着,人们很难看出它们何时会发动攻击,这样的估计使人坐立不安,我们只能尽量做好准备。

在星空中

防御可能出现的网络战争不仅需要使用现代手段来进行武装,过时的技术有时也会再次流行,如使用星辰导航。在战争的强烈攻击下,人们不得不考虑可能出现所有卫星都被击落的情况。那时现代的导航技术将完全失效。在全球定位系统失灵的情况下,星空会为我们提供一个简单而有效的定位方式。

这就是为什么美国海军学院的年轻学员们至今仍要学习如何使用六分仪,他们要学会如何用老旧的航海测量仪器来计算船的位置,就像2 000多年前的波希米亚人那样[1]。

人工智能,你来接管!

今天人工智能越来越多地掌管武器系统,这当然令人不安。但我们更应该担忧的是未来人工智能越来越网络化,我们对它的控制将慢慢丧失。

---

[1] Prudente, Tim, "In the era of GPS, Naval Academy revives celestial navigation(在GPS时代,海军学院恢复星辰导航)", *LA Times*, 2015.

除了武器,人工智能也正在深入我们的日常生活。它开始掌管假日传单,管理城市交通,推送烹饪食谱,提供导航。通过我们每一次的谷歌搜索记录,每一张亚马逊订单,它更好地了解我们,它可以从我们唇间流露的信息中立刻读出我们的每一个愿望。

在我们的家中,机器人仍然是友好的朋友。一台机器帮我们洗衬衣和长裤,另一台机器帮我们清洗餐盘。当我在写这段文字的时候,我家的 iRobot 机器人正在擦拭厨房地板,我的妻子亲切地称它为"Robbi",我们都觉得它很酷。

但令人不快的是情报机构确切地知道我们的愿望,甚至我们最隐秘的想法,这只是普通的数据信息。理论上,国家可以通过一个按键随时调用我们的数据。当然,如果我们没有任何恐怖主义倾向,它可能不会这样做。因此普通市民只是大数据的巨大草堆中毫无意义的杂草,情报机构对此完全不感兴趣。

但也有人对草堆中的每一根稻草感兴趣,他们很强大,我们应该提防他们,因为他们一辈子都在跟踪人。

3 清单——从摇篮到坟墓

儿童用品

互联网是个好东西：快速而触手可及，开放而无所不知。几乎没有什么问题是它不能在几秒钟之内回答的。无论人们是在泰国的海滩度假、在阿拉斯加猎熊还是乘坐热气球飞越阿尔卑斯山，使用搜索引擎都没有问题。我们可以在互联网上找到任何想要的信息，比如擅长隆胸手术的美容外科医生、清洗旧裤子的去污剂，或者救生信息如疾病和诊所，药品和保健品信息也是如此。我们能搜到的不只有信息，还有完整且有帮助的评论。

谁会不使用这些呢？毕竟这都是免费的，我们都这么想。然而我们其实已经付钱了。我们自己就是产品，我们的孩子也是。

与情报机构不同的是，民营机构的数据收集者并不是在大海里捞针。他们对所有的杂草都感兴趣：每一个人的个人资料，每一位客户的购买行为和每一笔消费,在 10 亿美元业务的市场数据中都是一块有价值的拼图。

公司和销售对每个人都能卖出某种东西,因此卖家对每个人都感兴趣。卖家对个人数据的收集应该早早开始,最好始于童年时期。若有可能,还可以更早。

未成年人的性行为

吉姆·布拉科夫(Jim Brakoff)匆匆穿过停车场,愤怒地冲进当地一家大型折扣超市 Target。他十分生气,超市经理永远不会忘记那个紧握拳头、怒气冲天的人站在他面前时的表情。

布拉科夫向这位困惑的经理呵斥道,Target 超市的下流行为侮辱了他的家庭。这家超市向他的女儿发送了与怀孕相关的广告——针对孕妇及新生婴儿的广告。他的女儿还在上高中,是一位未成年的处女,是一位明尼阿波利斯的年轻基督教女孩。这样的广告推送表明,他的女儿被怀疑有婚前性行为,这种指责可能会败坏整个家庭的名声。

他的女儿肯定没有怀孕,这位父亲坚定地认为,他要求超市向他们道歉。

Target 是美国第二大连锁折扣超市。经理立即意识到这个问题非同小可,表明一位未成年人有性行为是很严重的指控,特别是在保守的明尼阿波利斯。基督教在那里主导人们的思想与理念,这样的事件很容易升级发酵。他立即表示了道歉。

为了补救之前的过失,经理几天后又打电话给那位父亲。他希望他们可以接受道歉,同时他们还赠送了额外的购物券作为补偿。

然而这些都没有必要了,这位父亲平静地解释说,那天之后他与自己的女儿进行了一次正式的谈话,在他家里的确发生了他不知道的事情,他的女儿已经怀孕五个月了①。

对于这位父亲,这个事情带给他双重打击。一是他的女儿未婚先孕;二是他以一种非常引人注目的方式公开了这个令他十分不悦的秘密,他的许多同事和同一地区教会的教友平时都会去那家超市买东西,这对于他来说真是"痛上加痛"的打击。

除了打击之外,这位一家之主还应该知道大公司的数据库里到底隐藏着什么东西。Target 超市到底是怎么知道他女儿怀孕的呢?

消费习惯

Target 超市的研究人员设计了一种收集和统计孕妇典型购买行为的系统,这个系统可以准确地判别出年轻的怀孕女孩或者预测婴

---

① Hill, Kashmir, "How Target Figured Out A Teen Girl Was Pregnant Before Her Father Did(Target 如何在她父亲知道之前就发现其女儿怀孕了)", *Forbes*, 2012. http://www.forbes.com/sites/kashmirhill/2012/02/16/how-target-figured-out-a-teen-girl-was-pregnant-before-her-father-did/.

儿的出生[①]。

当统计学家安德鲁·波尔（Andrew Pole）于 2002 年开始在 Target 工作时，他面临着一个由市场部提出的新奇课题：如果我们想知道一位女客户是否怀孕，要如何通过统计数据来确定，即使她们不想让人知道[②]。

这个课题背后的深层问题是一家超市研究客户的消费行为。消费者是具有习惯性的动物，而习惯很难被轻易影响。通常，人们总会在同一家自己熟悉的商店购买日用品、体育用品、服装、化妆品、汽车配件或药品。对于 Target 这样的超市也一样，消费者的购买习惯不会轻易改变，所以要有针对性地做广告宣传，这是一条规则。

然而，行为研究人员发现，当人们的生活出现变化或到达某一个转折点时（例如学生毕业、工薪者改变职业或家庭购置房屋），这些消费习惯可能发生根本性的变化，对怀孕或已生产的女性当然更是如此。

这种变化经常带来全新的身份，这往往会引起品牌习惯的改变，也就是所谓的品牌建设。购买某一品牌的商品只是时间问题，所以

[①] Claus, Ulrich, "Computer führt Polizei zum Tatort（计算机把警察引向疑犯）", *Hamburger Abendblatt*, 2014.

[②] Duhigg, Charles, "How Companies Learn Your Secrets（商店如何知晓您的秘密）", *New York Times Magazine*, 2012. http://www.nytimes.com/2012/02/19/magazine/shopping-habits.html? pagewanted＝1&_r＝2&hp&.

如果等孩子出生之后再推送广告,则为时已晚。各路商家都争先给刚刚怀孕的母亲推送产品,年轻的父母被铺天盖地的广告和优惠券淹没。

营销的成功在于早,最好从妊娠期就开始,Target 超市也是这样营销的。

首先打量,然后摆布

于是,安德鲁·波尔分析了 Target 超市的数据。经过数月的工作后,他发现怀孕妇女有着明显的购买模式。比如,开始大量购买肥皂和棉花球是确定妇女怀孕的一个相当可靠的线索,甚至可以通过孕妇的购物清单来推断孕期。例如,如果一位女顾客突然购买大量中性香味的面霜,这表明她怀孕大概已有 4 个月;如果她突然大量购买补充维生素、钙片、镁和锌等矿物质营养物,那么她可能已怀孕五个月。此外,波尔还能根据数据预测婴儿的出生日期。

根据安德鲁·波尔的计算,总共有 25 种产品可以用来预测妊娠(被称为"怀孕预测因子"),再将购买收据与信用卡或借记卡信息结合起来,就可以开发出强大的公关工具来进行有针对性的促销活动①。

在明尼阿波利斯发生的这个事件引发了大量的新闻报道,其中很多是负面的。这一次公众对商家侵犯个人隐私的愤怒是巨大的。

---

① 作者的提醒:我们曾担心使用搜索引擎的短暂研究,将会使我们迷失在孕期产品制造商的十字交叉点。果然从那时起,我们就受到有关广告的轰炸。

从那时起，Targe 超市停止了所有相关评论。《纽约时报》的记者查尔斯·杜希格（Charles Duhigg）被禁止进入这家超市进行调查①。

杂志和目标群体

2014 年 6 月 10 日，古纳亚尔出版公司（Gruner+Jahr）的杂志《父母》也引入了"时间点营销"的商业模式。他们的读者群定位于孕妇。以前，他们向读者免费赠送一种由医生、助产士和医院为孕妇和年轻母亲准备的礼物包，称为"奇迹包"。现在，该杂志努力尽可能早地接触这些目标群体，并且尽量不让顾客流失。孕妇和年轻母亲通过线上注册收到一份免费资讯，商家在其中提供特别价格或优惠券，这当然也是与数据有关的。

"怀孕和刚成为母亲是一种全新的变化，情绪变化也很明显。因此她们的消费行为也会改变，她们不得不开发一个新的消费领域，了解新的产品，这正是商家接近目标群体最理想的时刻。"《父母》的广告语这样说②。

此外，小孩子也受到商家的特别关注，他们的愿望能够推动市场。即使只是他们的小手指在超市里向某个糖果和玩具随便一指，

<hr />

① Duhigg, Charles, "How Companies Learn Your Secrets（商店如何知晓您的秘密）", *New York Times Magazine*, 2012. http://www.nytimes.com/2012/02/19/magazine/shopping-habits.html? pagewanted=1&_r=2&hp&.

② http://www.guj.de/presse/pressemitteilungen/eltern-startet-die-wundertuete-von-eltern- und-steigt-damit-in-das-geschaeftsfeld-zeitpunktmarketing-ein/.

这都是有价值的消费行为和消费数据。

儿童是重要的目标,但他们也是难以取悦的。玩具公司的高管们一想到孩子们可能在圣诞节拒绝自己的产品,他们就会做噩梦。好的数据就是盈利与亏损之间的区别。

哪家公司在早期与它的小顾客们建立了友谊,这家公司在以后就能享受到他们长大成年后的垂青。这就是为什么诸如美泰(Mattel)、漫威(Marvel)和麦当劳(McDonald's)等类型的大公司都付出巨大的努力来维护这个消费群体。

人们在年轻的时候会建立一个关于性格和爱好的数据库,以供日后使用。儿童在小时候就开始与商家分享他们的数据,这也是一件好事。

窃听小熊

在今天这个时代,在乔治·奥威尔(George Orwells)的小说《1984》①中提到的臭名昭著的"老大哥"越来越像一个无助的侏儒。美国美泰公司为幼儿设计了一款洋娃娃,这与世界上最受欢迎的金

①　英国左翼作家乔治·奥威尔(1903—1950)于1949年出版的长篇政治小说。在这部作品中奥威尔刻画了一个令人感到窒息的恐怖世界,在假想的未来社会中,独裁者(老大哥)以追逐权力为最终目标,人性被强权彻底扼杀,自由被彻底剥夺,思想受到严酷钳制,人民的生活陷入极度贫困。这部小说与英国作家赫胥黎的《美丽新世界》及俄国作家扎米亚京的《我们》并称为"反乌托邦的三部代表作"。这部小说已经被翻译成62种语言,全球销量超过3 000万册,是20世纪影响力最大的英语小说之一。2015年11月,该作被评为20世纪最具影响力的20本学术书之一。——译者注

发芭比娃娃毫无共同之处,最新款的娃娃不仅能和幼儿说话,还能聆听他们讲话,另外还配备了麦克风和无线网络连接,可以让父母了解每一段孩子与洋娃娃的稚气对话①。

在这种"间谍玩具"还没有上市时,美泰公司就获得了数据保护协会 Digital Courage 颁发的"2015 老大哥奖②"。

连谷歌公司也不甘落后,两个月后,加利福尼亚的数据收集者为一只高科技泰迪熊申请了专利:这只熊配备了马达用于运动,麦克风作为收听孩子说话的耳朵,摄像头作为眼睛,同时它也与互联网连接。这个使人感觉无害的"间谍熊"可以转动头部,寻求目光接触,直接与人讲话,还能回应孩子的讲话。这对那些没有朋友的孩子来说是一个很好的玩伴。此外,它对父母也很好,父母可以实时倾听孩子们在游戏室里的对话③。

如今,玩具制造业已经有了一条完整的生产儿童监控玩具的产业链。虽然这些玩具有时可以防止孩子受伤或用来证明一个暴力保姆的罪行,但无论如何,它们都是对信任的违背,毕竟洋娃娃和毛绒玩

---

① Lumma, Nico, "So werden wir zu Hause abgehört(我们就是这样在家中被窃听的)", *Bild. de*, 2015.

② Horchert, Judith "Big Brother Awards:Negativpreis für sprechende Barbie(老大哥奖:对会说话芭比的负面奖项)", *Spiegel Online*, 2015. http://www.spiegel.de/netzwelt/netzpolitik/big-brother-awards-hello-barbie-amazon-und-bnd-bekommen-negativpreis-a-1029111.html.

③ http://www.naturalnews.com/050031_surveillance_toys_Google_privacy.html.

具是小孩子最信赖的玩伴,它们是孩子最好的朋友! 是的,亲爱的孩子们,米老鼠也是其中之一。

米老鼠的魔力

桑德拉·布莱特罗亚(Sandra Bleibtreu)感到十分惊讶,因为高飞(Goofy)刚刚叫了她的名字。

"他怎么知道我的名字?"这位来自德国的小女孩问道。这是她第一次来美国奥克兰的迪士尼乐园做客,这个乐园中的卡通人物从未见过她。但高飞认识她,甚至和她讲德语。

答案是她手臂上的"魔法手环",每一个到这里的游客都会在入口处得到这样一个手环,里面装有一个"智能芯片"①。这个所谓的RFID 技术(无线电频率识别技术)被广泛使用,比如在零售业用于跟踪货物横跨大陆,它们发出的无线电信号可以在短距离内接收。批评家称 RFID 是一种"间谍芯片"。

在迪士尼乐园里,"魔术手环"被用作身份证、门票、支付方式和房间钥匙。因此,游客从进门到穿过公园的每一步都可以被跟踪,他们的数据存储在手环的芯片里②。

---

① Zara, Christopher, "Disney World's RFID Tracking Bracelets Are A Slippery Slope, Warns Privacy Advocate(迪士尼的 RFID 跟踪手环是一个滑坡,个人隐私积极分子警告说)", *International Business Times*, 2013. http://www.ibtimes.com/disney-worlds-rfid-tracking-bracelets-are-slippery-slope-warns-privacy-advocate-1001790.

② Michelle Baran, "RFID bracelets a game changer for Disney(RFID 手环是迪士尼的游戏规则改变者)", *Travel Weekly*, 2013. http://www.travelweekly.com/print.aspx? id=245688.

对于孩子们来说这很酷,因为他们到哪里都会被认出来并受到欢迎。米老鼠、唐老鸭和其他可爱的毛绒动物说出他们的名字,甚至如果他们当天恰好过生日的话,这些卡通人物会表示祝贺。对父母来说,这也很酷,因为孩子的一举一动可以尽收眼底。此外,买东西也是通过这个芯片进行的,人们无须在人群中用信用卡或现金来折磨自己。对迪士尼乐园来说,这同样很酷,因为它可以缩短等待时间,跟踪顾客路径,规划停车位,并制定销售策略。

这个游乐系统有效吗?需要调配更多工作人员到"雷霆山"吗?游船上的爆米花卖得怎么样了?人们站在哪里?他们在哪里消费?"当你简化流程后,游客有更多的时间用来娱乐和消费。"迪士尼首席财务官杰伊·拉索洛(Jay Rasulo)解释说。

对于一个游乐园的销售心理学家来说,游客流量是一个重要的经济因素。哪些游客会购买昂贵的照相机?哪些只购买明信片?谁点了一顿丰盛的饭菜?谁只吃点心?哪些类型的冰激凌是受欢迎的?哪些纪念品是受欢迎的?谁慷慨地邀请他的同伴?谁比较吝啬?

迪士尼游客们的行为和喜好被储存、评估和分析,并在之后用于群发广告信函、电子邮件和短信。

道格拉斯·昆比(Douglas Quimby)是 PhoCusWright 公司的一名研究顾问,他认为迪士尼的 RFID 卡是游戏规则的改变者,它重新定义了休闲业的游戏规则。如果这个魔法手环系统是成功的,那么它可以在世界各地的博物馆、机场、商场和动物园中被广泛使用。

"米老鼠的老板"为这个魔法手环项目投资了 10 亿美元,他们将其看作数据收集业务方面的一个重大尝试。他们试图增加迪士尼乐园的趣味元素,同时将游客的购买行为最大化,但在这些后面还有更多其他的东西。

迪士尼的数据是家庭数据,这非常有价值,并且这些数据与个人信息进一步结合后会更有价值。年龄或购买行为、行程或酒店预订,每一个细节都增加了数据的附加值。迪士尼乐园甚至添加了指纹数据,指纹取自购买多日票的游客,以防止向第三方转卖。指纹也可以让数据个性化,特别是在德国,数据保护者非常重视数据的匿名性:带指纹的个人特征数据尤其备受质疑。

迪士尼游客的数据因活动、逗留和顾客意愿而大相径庭。但是每个公园的游客都应该意识到,自己的个人数据在某处以某种方式被采集,它们流入无数的数据流中,每天亿万次地汇入大数据的海洋中。

这样,每天有数百万人的休闲行为被记录下来。单单在阿纳海姆(洛杉矶)的迪士尼乐园,每年就有 1 620 万,在奥兰多的乐园有 1 850 万,在东京的有 1 720 万和在巴黎的 1 040 万,合计一年超过 6 000 万。此外,还有该集团的国际酒店客人和邮轮游客。

不仅仅是这些来自魔法手环的数据引起了数据保护者的担心,

全世界整整一代的年轻人都在米老鼠的幻想陷阱中被灌输了全面监视不会引起伤害的概念,监视甚至可以变得很有趣!

控制儿童的十亿美元业务

打开儿童秘密的钥匙是智能手机,那是他们互动的工具,手机里有他们的朋友和爱好,网站和自拍,游戏和习惯。但这个充满着应用程序、订阅和欺骗的"世界"对许多家长来说是可怕的。看到自己的孩子摆弄智能手机时,他们都在担心孩子们究竟在干什么。

许多父母都很惊慌,他们不知道孩子们在网上遇到什么以及他们是如何应对的。他们常常对技术束手无策,往往不得不提出困惑无助的问题,而不是向他们的孩子提供建议和措施。他们担忧在这一代人中,虚拟的脸书好友的价值比自家附近的一些真实好友的价值高出数百倍。

家长们知道,在不透明的网络宇宙中潜伏着黑色的危险。在那里,孩子们会受到嘲笑,接触到有关性甚至更坏的东西。那些在聊天室、论坛和分类广告中闲逛的孩子,会遭遇敛财和暴力、骗子和剥削者、毒贩和恋童癖者。很多家长认为,简单的信任是不行的,控制是迫切需要的。

这也是网络公司 Qustodio 创始人的想法,他发现了一个市场缺口,据他说这价值数十亿元。这家公司开发了一个监控未成年人使用互联网的应用程序。

Qustodio 公司首席执行官乔希·加贝尔(Josh Gabel)认为:"60%的家长都想知道他们的孩子在网络世界做什么[①]。"

家长可以用这个间谍软件监视一切:短信和电话、照片墙(Instagram)上的照片和脸书上的朋友、应用程序和订阅。这显然是一件好事,Qustodio 应用程序成了畅销品,公司销售额每年增长 10%。

但是,监视自己的孩子有问题吗?许多家长认为自己为孩子购买智能手机,也应当可以了解孩子们用它在做什么。但其他人认为间谍工具很可怕,制造商 Qustodio 提醒人们注意,年轻的用户知道自己正在受到监视。

另一个与之竞争的应用程序 Teen Safe 则不同,父母使用这个程序对孩子的间谍行为是不可见的,他们可以悄悄地跟踪孩子们所做的一切。这个系统也很受欢迎,Teen Safe 公司的销售报告显示这个程序在半年内就拥有了超过 50 万用户的订阅和购买。有一点需要说明:今天的孩子早已习惯了没有隐私的生活。

被监控的青少年

作为曾经生活在纽约郊区的美国青少年,我在青少年时期的私生活都在汽车里,无论是露着腹肌在路上开车,还是和女朋友在一起约会,只要有车就可以随时消失,没有人知道我去了哪里,和谁在一

---

① Thompson, Stephanie, "Is it Ever OK for Parents to Cyber-Spy on their Kids?(家长可以在网络上窥探他们的孩子吗?)", *New York Post*, 2014.

起,去了多久。我的第一瓶啤酒是在一个人工湖岸边偷偷喝的;我的第一次性行为是在一辆1957年的雪佛兰后座上发生的……最坏的情况只不过是父亲能从里程读数上大约猜测我去了哪里。

对于今天的孩子,情况完全不一样,父母可以用手机随时联系到他们或用GPS定位,日期很可能被储存在云端,移动路线也是可见的。有无数条线索可以追寻孩子的行踪。但有一件事是不变的:无论是过去还是现在,父母都想知道自己未成年的孩子在哪里并且在做什么,他们要尽可能地控制一切。

为了迎合父母,今天的汽车行业也是费尽了心思。

福特公司推出My Key(个人钥匙)系统,如果乘客没有系好安全带,则音响系统无法开启,同时在驾驶中它还可以限制音量。车主(父母)可以设定车辆的最快速度,当车速接近这个速度极限时,会响起刺耳的报警声。如果驾驶者试图超过这个速度,汽车将自动刹车。

通用汽车公司的Family Link(家庭链接)系统功能更强大,父母可以对车辆设定一个地理上的外部边界,如果青少年离开被批准的地区,将有短信发送到车主(父母)手机上。父母们可以在通用汽车公司的网站上定位车辆①。这项技术与监视犯人的方法相似,但更加有效。

---

①　Edgerton, Jerry, "New Technology Lets Parents set controls for teen driver(新技术使家长得以对青年驾驶员设置控制)", *MoneyWatch*, 2014.

信用卡戏法

长期以来,数据营销人员一直将付款收据与信用卡联系起来,以便对购买行为进行分析。这种联系是通过一个自适应的融合软件来实现的。

得到所有这些奇妙的数据只需要一张卡。什么样的卡不重要,不管是银行卡、会员卡,访客卡,还是航空公司的里程卡或者红利卡,所有这些卡对收集数据都是有用的。

零售业商家看重用于存储我们数据的会员卡。我们被商家的会员福利、特别优惠和特价通知所诱惑,软件公司和超市、修车店和眼镜师、药店和糖尿病测量设备制造商都希望把我们纳入他们的数据库中。

罐头汤

我还记得一件发生在美国度假小岛玛莎葡萄园的事。当时,我的兄弟,雕塑家特拉维斯·塔克(Travis Tuck)收到了一封来自坎贝尔(Campbell)食品公司的神秘信件。客服想知道他最近为什么不再买鸡汤,而改喝豆子汤了。

"他们是怎么知道的?"我的兄弟感到很困惑,而且很不安。

事实上,坎贝尔公司通过当地的超市获得他的付款收据,并将每件物品与他的万事达卡上的消费记录进行匹配。于是,他购买哪种罐头汤的付款信息被暴露了,完全没经过他本人的同意。

那件事发生在 1995 年,难道那也是大数据的功劳?我想应该不是,那时的大数据技术还在襁褓时期。然而,一个大集团的营销部门确实能够秘密地跟踪整个国家的每一位顾客的饮食习惯。

几年后,在波士顿停留期间,我的女儿萨拉·李·塔克(Sarah Lee Tuck)发现,连锁药店 CVS 跟踪她的生理周期,因为她总能在经期开始前不久就收到卫生棉的优惠券。

今天我们谈论的技术远不只涉及一碗罐头汤或十几岁少女的生理期问题。如今,大公司的数据库中存储着数百万名客户的成千上万的消费信息,它们悄无声息地衡量顾客购买行为的变化,并考虑如何利用这些数据。数据可以反映很多细节,研究这些海量数据的专家可以为每一位顾客创建一个全面的详细档案,这甚至胜过 FBI 的档案工作。消费者的所有特征都可以被关联起来,无论你是一个品牌的忠诚粉丝或吸烟者、热线买家或屋主、付利息者或折扣猎手、彩票赌徒或园丁。接踵而来的是,连绵不绝的数据最终变成源源不断的数十亿元。

会员卡作为数据陷阱

"您有会员卡吗?"

收银员的这类问题很烦人。我清楚地知道零售产业这样做的原因：我所有的购买行为被存储和评估，从而决定了他们的备货策略。

会员卡？我从来没打算办。然而，人们不应该与收银员讨论这个问题，她只是被雇主要求这样做而已，她对着下一位顾客微笑，简要地宣传了会员卡的好处。

我们结账的过程通常是这样的：（数据）挖掘、（数据）获取、大规模（数据）收集。这不是采矿的流程吗？

今天不管人们走到哪里，都有数据收集器潜伏在身边。超市和软件供应商、眼镜和汽车经销商、家具商店和手机供应商，它们都想通过折扣和回扣、抽奖和优惠券赢得我们的青睐并成为忠实的客户。他们正在拿走我们的数据，并用这些数据来赚大钱。

推动会员卡业务的先驱公司是英国乐购公司（Tesco PLC），它曾经是仅次于沃尔玛（Walmart）公司的全球第二大连锁零售商[1]，在亚洲、欧洲和北美洲的众多国家都设有分店。在英国，这家"会员卡公司"成了消费市场的领头羊。

乐购公司在 1995 年推出了会员卡计划，当时这可是一个高成本的风险投资。最初为了激起顾客办卡的兴趣，乐购公司为新会员提供所有商品都打 1% 折扣的优惠服务[2]。"那是我们所有利润的

---

[1] 就利润而言。

[2] Grant, Ian, "Tesco uses customer data to stride ahead of competition（乐购应用顾客数据超越竞争对手）", *Computerweekly*, 2011.

1/4，”当时的首席执行官特里·莱希爵士（Sir Terry Leahy）回忆道，"这是一个大胆的承诺。"

但这是值得的，乐购因而得以收集到大量的顾客数据。今天，乐购拥有超过 4 亿消费者的数据，乐购会员卡价值数十亿美元。

一开始，会员卡的价值是未知的，消费者的利益是微小的。乐购公司向其会员发送优惠券，顾客们花了一段时间才认识到这项折扣的价值。后来，70% 的优惠券被兑换。

今天，会员卡是公司的核心业务之一。乐购向顾客提供不同类别的会员卡，比如面向有钱人的乐购优选（Tesco Finest），面向关心有关健康产品顾客的乐购健活（Tesco Healthy Living），面向对价格敏感消费者的乐购价优（Tesco Value）。对顾客的不同分类使其会员卡的发行越来越复杂，而且越来越有趣。

在第 5 次会员卡发行后，乐购就已拥有了 100 个不同的利益群体。到 1999 年，这个数目已经上升到 14.5 万。今天，该公司的成功策略已经推广到许多其他品牌，包括可口可乐公司和美国梅西百货等。每家公司都对会员卡有新的认识，他们对所有类别顾客的购买习惯进行收集、研究和比较，乐购也在其中学习到新东西。

2014 年，乐购公司收购了大数据技术公司 Sociomantic，这家英国"会员卡公司"得以将其拥有的 4 亿人的数据库与 Sociomantic 公司的 7 亿人的数据库相合并。这样乐购公司最终拥有了总计超过 10 亿人的数据。

名片戏法

有人在互联网上以大甩卖的价格出售名片,许多商家很高兴地订购了一批,卖家感兴趣的是数据:人员姓名连同完整的公司名称与职位、电子邮件和电话,甚至还有私人住址和照片。

有一点大家需要明白:对人的监视不仅仅是收集数据,数据只有通过评估和分析才会具有价值。数据可以自动地被收集、编目、分类和分析,之后将数据和软件联网,数据从一个系统传到下一个系统。自适应软件随着每次的数据融合而变得更强大,更让人迷惑。

处理大型客户和敏感客户数据的诀窍和技巧是多种多样的,而且利润丰厚。

对于这些公司,我们不是顾客,而是产品,并且我们的个人资料有很高的价值。无须惊讶,在美国股票交易历史上第一家总价值超过一万亿美元的公司就是一家数据公司,这家公司叫作谷歌。

裤兜里的窃听器

在小说《1984》中,英国作家乔治·奥威尔描述了一个被监视的社会,其中国家(书中称为"老大哥")经常用隐藏在私人电视机里的麦克风监听国家公民。

如今,麦克风不再被隐藏,电视的"窃听功能"是今天的技术标配。智能电视机的语音识别系统就可以用来窃听。数据保护者指出,智能电视可以记录房间里的对话,音频信号通过无线网络传送到互联网。

笔记本电脑的摄像头也可能变成间谍摄像头,有恋童癖的人就利用了它,他们通过这个偷看陌生儿童的房间。

今天,"老大哥"不再依靠放置在客厅里的窃听器来监视公民,我们装在裤子口袋里、随身携带着的智能手机是更好的监视设备。手机是我们的永久伴侣,它全天候地记录我们的私密数据,左右我们的购买决策,伴随我们的出行。智能手机是我们的朋友,但它是个叛徒。

小兄弟在监视你

最阴险的间谍是装在人们口袋里的手机。它每天数十亿次地将我们的私生活传送到无线电发射塔,它们在屋顶上方监视我们。我们未经阅读就直接点击数以百计的应用程序和网络地址,我们并不知道数据将会通过什么样的曲折途径继续被传送下去。一旦我们的数据被存储下来,我们的私人信息将从一个数据库传送到另一个,没有人能够确切地知道谁在收集信息以及为什么收集。

GPS能监控我们的行踪——不仅是某一个时间点的行踪,我们长期的行动轨迹都会被记录下来,甚至可以延伸到很远的过去或者未来。

使用 iPhone 定位

在公开场合,苹果公司将自己定位为硬件制造商,并试图优雅地从美国国家安全局的数据辩论中脱身。苹果首席执行官蒂姆·库克(Tim Cook)在发布新款 iPhone 6 手机时表示:"我们的商业模式是简单的,我们不打算通过 iPhone 或 iCloud 中的信息获利。"

然而,苹果公司正在大规模地收集数据。购物清单和饮食习惯、朋友和爱好、机密短信和敏感电话交谈、兴趣和亲密记录,全部都存储在我们的 iPhone 中,全部都可以被窃听到。苹果公司通过应用程序知道我们对哪些感兴趣,以及我们如何频繁地访问它们;从存储的图像中检索相片是何时和在哪里拍摄的。

在 iPhone 手机中,苹果公司隐藏了一个应用程序,它可以跟踪和存储手机的所有动作,被称为"频繁地点",通过 GPS 跟踪所有的变化,记录地点、日期和时间。苹果已悄然推出该功能。手机用户什么时候去上班,早晨在哪里买咖啡,在高速公路上开车开多久,这些结果都清晰地显示在地图上。"可怕。"英国信息技术专家诺埃尔·夏基(Noel Sharkey)教授说,"这是每一位离婚律师都想要得到的信息。"

"频繁地点"中的数据不仅为嫉妒的配偶,也为雇主、警察或独裁国家的政府提供了方便。

苹果公司提供了一些功能,以保护我们免受小偷困扰。触控 ID使我们只能用自己的指纹打开手机从而免受未经授权人员的侵入,可以用多达十根手指的一次性图像进行访问锁定,并且该功能被自动安装到每一台 iPhone 的操作系统中。苹果公司强调,未经所有者的许可,这一数据永远不会离开 iPhone①。

我们不知道使用指纹功能用户的确切数字,苹果公司不公布这个数据。在数十亿美元的 iPhone 销售中,使用这一功能的人数不是小数目,甚至我们可以想象,这家私人公司的数据库中的指纹数量比联邦调查局档案中数量的还要多。

使用 iPhone 搜索功能,人们可以找到丢失的手机。苹果公司可以收到用户当前位置的精确信息,这对于营销专业人员是有用的,对嫉妒的配偶也是有用的。

除了指纹之外,苹果还使用其他功能来识别用户。比如,人们打电话时的典型手部动作或者写短信时的键入方式都是与指纹一样的独特个人信息。

苹果的语音控制功能 Siri 很有趣,许多用户都有使用。Siri 了解我们的声音,可以用来识别一个人,它也受到人工智能控制,也就是说 Siri 每天都在学习。和智能电视一样,Siri 也很危险。如果话筒被激活,窃听者可以在全球范围内入侵手机,智能手机会变成你口袋里的一个哨所。

---

① Spencer, Ben, "iPhone? It's a Spyphone(iPhone? 这是一个间谍手机)," *Daily Mail*, 2014.

还有一家大公司拥有一个在全球范围内使用的语音功能,这家公司就是谷歌。但是,大部分数据并不是秘密获取的,它们源于我们自愿又大度的行为。

智能手机很愚蠢

即使是那些对他们的私人数据极为谨慎的人,也被强有力的大数据分析师抓住,然后数据被分类并进行评估。只要你有一个智能手机,他们就可以得到有关你的身份和收入等有用的信息。

约 4 300 万德国人是网上商店的顾客。互联网供应商有诀窍可以确定哪些是有钱人,哪些不是。顾客因其登录网页所使用的设备而被评级。根据北莱茵威斯特法伦州消费者保护协会的调查,如果用户通过智能手机或平板电脑订购商品,其购买商品所需支付的价格明显较高。如果你拥有一个昂贵的设备,你会被认为是有钱人,从而与那些仍然使用拨号上网的旧电脑的消费者相比,你会更少关注价格。

因此,价格因不同消费者而有所不同[1]。数据提供结论,而结论被这个世界的数据巨头使用。这些结论并非总是正确的,它们会带来不良后果。

---

[1] "Online Shops im Test: Abzocke beim Online-Kauf via Tablet oder Handy(网上购物测试:应用平板电脑还是手机)", *RTL-Online*, 2014. http://www.rtl.de/cms/online-shops-im-test-abzocke-beim-online-kauf-via-tablet-oder-handy-1879863.html.

一切都可以用来对付你

简单的事实是：谁把自己的私人数据放在互联网上，特别是放在社交网络上，谁就会暴露自己。不只是间谍机构和安保公司可以跟踪他们的动向和倾向，任何对计算机技术有基本了解的人都可以做到。没有人喜欢被国家、大公司或私人侦探调查。但这就是今天的世界，你把自己的个人资料放到网上之前，必须考虑到这一点，你所输入的一切都可以用来对付你自己。

社交媒体间谍

大多数人知道他们应当小心处理社交媒体上的数据，但极少数人真正这样做。我们主动为大数据库提供资料。这开始于我们与脸书朋友的闲聊和无关紧要的消息。我们为度假旅行、理发或养狗感到幸福，我们漫不经心地键入姓名和电子邮件地址，以便获得登录电子游戏或博客的权利。我们很乐意分享自己的位置，因为只有这样我们才能使用车票预订、慢跑应用程序、天气预报或路线规划。

脸书公司的摄影师帮助破案

无论何时我们用存储卡永久保存的每一个词、每一张照片、每一个视频都成为拼图中的一块，最终它们将被拼成一个完整的图。

以前放在家庭相册簿中的私人照片今天被发布在网上，这使得它们对公众开放。这些照片不仅向公众开放，还有警察，他们喜欢将脸书照片作为通缉照片，全球最大的个人信息查询专家不是安保机构、国家安全局或联邦调查局，而是脸书公司。

社交网络中的袜子玩偶

但是我们要小心！社交网络上有许多虚假的资料，商业人士和骗子、公关人员和恋童癖者，政府人员也在其中忙碌着。

脸书上有假扮真人的人工智能，现实生活并不存在这些人，它们由聪明的自适应软件控制，它们看起来很真实。但即使它们在脸书上与我们交朋友，我们也不应该被愚弄。它们不是我们的朋友，而是由情报机构开发的产品。

"犯罪和叛乱是在社交网络上组织起来的，"国防承包商以色列航空航天工业（IAI）公司的网络主管埃斯蒂·佩欣（Esti Peshin）这样说："这就是为什么对当局来说监控社交网络很重要[①]。"

IAI 公司开发了一款智能虚拟人，它出现在脸书和其他社交平台，被称为概念（Conceptus）。它使用一个友善的名字作为伪装，并用杜撰的形象进行侦察，它的使命不仅是观察，还有控制。

[①] Becker, Markus, "Cyber-Krieg：Wie Israel soziale Medien infiltriert（网络战：以色列社交网络如何被渗透）", *SpiegelOnline*, 2014. http://www.spiegel.de/netzwelt/netzpolitik/israel-infiltriert-soziale-medien-mit-werkzeug-von-iai-a-989692.html.

"人工智能控制它要做什么,包括应该说什么,向谁发送好友请求,"佩欣说,"它从人类的决定中自主学习,并越做越好,这是这个软件真正酷的地方。"

自 2011 年起,美国国防部也在互联网上制造虚假人,形象仿照可爱的毛绒玩具,取名为"袜子玩偶",它们传播着五角大楼玩偶操纵者的宣传和谎言。

为了它们的开发,美军一开始与加利福尼亚 Ntrepid 公司签订了价值 276 万美元的订单,随着项目的不断深入,对该计划的投资已达到 2 亿美元以上。

袜子玩偶是"热心行动声音"(OEV)的一部分,这是针对伊斯兰国和基地组织进行的心理战术的一部分,它们让互联网上的战士和同情者不知所措,它们会讲阿拉伯语、波斯语、乌尔都语和普什图语,一个操作员可以管理多达 10 个袜子玩偶[①]。

人工智能不断改进自适应软件,同时还建立了广泛的嫌疑人档案,这些数据与无数其他来源融合在一起,并通过人工智能自动监控。

在一次美国参议院公开会议上,时任美国中央司令部司令的将军詹姆斯·N. 马蒂斯(James N. Mattis)表示,该项目是作为网络世界

---

① Jarvis, Jeff, "US spy operation that manipulates social media(美国间谍行动摆布社交媒体)",《卫报》, 2011. http://www. theguardian. com/technology/2011/mar/17/us-spy-operation-social-networks.

的对策发展起来的。"热心行动声音"旨在破坏招募和培训自杀式炸弹袭击者的活动,并对抗极端主义的宣传①。

脸书和性别数据

即使是民营公司也经常将人工智能用于他们的数据。这些数据与恐怖分子无关,而是关于利润最大化——数据越被细化就越有价值。

2014 年 7 月,脸书放弃了对性别的二元定义。从此以后,脸书用户不再被迫在自己的性别是"男"还是"女"之间做出选择,用户可以自己定义其性别。

脸书提供了 70 种以上不同的性别选项,例如"无性别""性别酷儿""男变女""第四性别""跨性别""双性别""男性角色的同性恋女人""泛性别"或"雌雄同体"等。

这一举措被认为是迈向"现代自由"的一大步。在德国,这些类别是与德国男女同性恋协会(LSVD)协调的。舆论一致欢迎扩大性别定义。

"多样性不能只用两种分类来表示,"男女同性恋协会的发言人阿克塞尔·霍克赖因(Axel Hochrein)这样说,"脸书满足了这一需求,为社交网络树立了新的标准,特别是性别表达方面的差异需要适

---

① 见第 124 页注①。

当的概念①。"

这一步骤显示了对人及其敏感性的理解。这是进步,在政治上是正确的,同时为脸书带来了来自同性恋社区的新粉丝。

但这个措施的背后很可能隐藏着有形的商业利益。正如英国脸书公司的西蒙·米尔纳(Simon Milner)所说的,"从前那些不能在脸书上进行针对变性人的产品推销,现在可以了。"针对这个目标群体的产品营销,脸书是一个非常有价值的工具②,脸书公司早已认识到财富就隐藏在数据的组合中。

路边的间谍

自 2001 年 9 月 11 日以后,全世界民众都知道他们的动向是被国家监控的。无论是在飞机场,火车站、巴士、租车点还是收费站,每个人及其行程的数据都被收集和存储,分析和无限期地保留。无论我们是否喜欢,跟踪动向是国家行为。

---

① http://www.lsvd.de/newsletters/newsletter-2014/geschlechtervielfalt-online.html. (性别多样性)

② Vincent, James, "Facebook introduces more than 70 new gender options to the UK: 'We want to reflect society' (脸书在英国引入了 70 种以上的新的性别选项: '我们想要反映社会')", *The Independent*, 2014. http://www. independent. co. uk/life-style/gadgets-and-tech/facebook-introduces-more-than-70-new-gender-options-to-the-uk-we-want-to-reflect-society-9567261. html.

"跟上那辆车"

在电影院里,詹姆斯·邦德(James Bond)冲出机场,追赶一个恶棍。"跟上那辆车!"他向出租车司机喊叫,紧接着是一场发生在充满异域风情城市中的追捕行动。那是虚构的电影画面,如今这样的追捕行动是一种浪费。现在的汽车都是被悄悄地跟踪的,借助导航系统和卫星、监控摄像头和跟踪设备。驾驶者在后视镜中看不到跟踪者,跟踪都是远程完成的。除了众所周知的导航和 GPS 系统,还有许多鲜为人知的系统可以捕捉到我们在道路上的每一个动作。

加油站的花招

对于警方调查人员和情报机构来说,加油站是很好的追踪车辆的地点,车辆迟早需要加油。加油站中的监控摄像机可以找到被盗车辆或通缉罪犯,特别是如果照片可以实时发送到警察的监控点的话,效果会更好。

如果一个犯罪分子在晚上下车,那么与他在黑暗的高速公路上坐在驾驶盘后面相比,他在加油站的霓虹灯下可以被看得更清楚。再幸运一些的话,他会在收银台留下进一步的痕迹,如信用卡、指纹或 DNA。

英格兰的警方对加油站的监控非常感兴趣,他们向雇主提供了一个不寻常的优惠。作为许可安装摄像头的交换,他们免费提供警方掌握的顾客数据。在不知情的情况下,司机的信誉被检查,这些数据被发给加油站的雇主[1]。

车辆监控日益广泛,如今几乎每辆新车都有一个内置的导航系统,通过无线电与中央存储系统连接。另外,位置数据通常通过智能手机传送。

汽车的黑匣子

自 2015 年 1 月以来,所有在美国的新车都必须安装一种类似于安装在飞机上的黑匣子,称为事件数据记录器(EDR)。EDR 可以保存所有与安全有关的行驶数据。与主要航空公司的飞行员类似,现在驾驶者不得不接受这样一个事实,不仅是自己的行驶路线,其他所有从监测仪器获得的数据都会被记录下来。这些设备再加上车主自愿安装的仪表板摄像头,这些被记录下来的内容可以形成一段完整的录像,不过对此的法律依据在德国尚不明确。汽车的黑匣子结合导航系统、移动电话,以及在桥梁和道口、加油站和隧道入口的外部监控摄像机,可以采集到与我们的私家车有关的一切信息,最终成为公共档案中的资料。

路边的间谍

在欧洲,收费监控就是这样的系统:整个欧洲的高速公路收费站为国家提供了丰厚的税收。随着付费次数的增加,对国家控制的需

---

[1]　ACPO (Association of Chief Police Officers), "Infinet: A National Strategy for Mobile Information (Infinet: 车辆信息的一个国家策略)", *ACPO London*, 2002.

求也在增加。紧接着,摄像头和标识将很快覆盖整个欧洲的高速公路系统。

在美国,对自动收费站的监控多年来一直都存在。视频图像被实时发送到主管部门,车牌由机器读取,数据被保存下来,它们经常在警方的调查中被使用。

在一个开放的社会中,我们被告知,自己的基本权利的丧失可能是十分必要的。监控措施为我们的安全提供了一定的保障,但没有人告诉我们,一些商业公司也参与其中。出于商业原因,他们想知道我们在哪里,我们要去哪里,我们如何去和为什么去。他们占有这些信息,就好像这是他们的财产一样,并且他们还收集、保存和出售这些信息。没有人能保护我们不受由于他们的好奇心而造成的困扰。

这些商业公司积极参与车辆数据有关业务。收集、存储和销售车辆活动的资料是一项有利可图的业务,越来越多的公司在交通节点上建立照相亭,这些照相亭获取所有过往车辆的牌照,然后通过销售其对数据的评估来赢利。

买家通常是租车公司和货运代理,他们想要了解车辆路线和驾驶行为,此外生疑的雇主和嫉妒的配偶也会购买信息。执法当局也购买这些数据,这些数据对于刑警档案来说确实非常有用,可以借助信息识别犯罪现场附近的犯罪嫌疑人和追踪逃犯,或者用来驳回嫌疑人不在场的证据。

然而对于国家而言,建立监控系统是有问题的,这往往在政治上是不可行的。但通过外包公司获取数据要容易得多,即私人公司实施监控,警方购买数据。

照片用识别软件进行评估,该软件被称为牌照识别(LPR)。例如,Vigilant Solutions 公司所提供的软件系统可以同时检查车主、行车速度、安全带和方向盘,该系统可以作为辅助巡逻警车监控的移动版本。

在加州的小城市萨克拉门托,凯尔·赫尔奇(Kyle Hoertsch)中士负责的巡逻队里有 27 辆巡逻警车配备有自动 LPR 系统。在几个小时内,他的队友们就收缴了 30 辆被盗车辆,并逮捕了 25 名逃犯。

然而,数据保护在美国更强烈。电子科技前沿基金会(Electronic Frontier Foundation)的数据保护人员能够现场布置大量相机,向互联网上直播照片,没有密码保护,这些地点包括武器商店以及学生活动中心的停车场。通过搜索门户 Shodan 就可以找到这些监控图像,公布的内容不仅有汽车牌照,还有车主信息[①]。

这样的数据有可能被无限期地存储。到现在为止,没有哪个部门会注意删除旧的不用的 GPS 停留点或导航路线。即使消费者仔细地删除自己使用的电子设备的内存,数据可能已经通过网络传输到其他地方。存储空间的成本对于一家公司来说低到近乎为零。

---

① DeMarche, Edward, "Reality TV: Live Feeds posted(实事电视:显示实时反馈)", FoxNews.com, 2015.

"请您跟踪这辆汽车两个月！"

在下一部詹姆斯·邦德的电影中，可能出现"跟踪目标两个月"这样的场景。虽然，现在的道路监控系统仍然不完整，网络连接也不完善，技术也不成熟，可能目前还做不到如影随形般地跟踪，但是今后受监控的地区会越来越大，新技术会越来越先进，数据库也会越来越庞大。在人工智能的帮助下，不用几年人们将拥有足够的计算能力来评估庞大的数据集合，并能长时间地追踪车辆活动。

今天已经出现了有关数据保护和法律的问题。比如，在什么情况下国家才可以了解其公民的活动状况？如果警方在数据中发现交通违法行为并提出起诉，将会发生什么？另外，还有私人企业的问题，比如保险公司是否可以只依据由驾驶数据证明的行为不当而不为我们提供服务？如果风险增加，保险公司是否可以用数据创建驾驶员档案并在风险增加时提高保费[1]？

由大范围数据收集而产生的伦理问题的数量巨大。因此，数据保护者提出只有车辆的合法车主才能拥有自己的驾驶资料。但考虑到数据的众多来源——收费监控、导航系统、EDR、加油站摄像机、GPS和节点摄像机等，这一法律要求很难贯彻。强大的利益集团也有对数据的需求，越来越先进的软件系统将数据融合在一起——不

---

[1] Doug McKelway, "Proposed new federal rule could put 'big brother' in your driver's seat（建议的新的联邦法规可能把'老大哥'置于你的驾驶座位）", fox.com, 2013.

管其来源哪里。

就像一个长久以来被遗忘的短信文本,或者在一个约会机构随意注册的信息一样,这样的驾驶资料甚至可能在几年之后成为一个令人尴尬的问题。数据保存不是暂时的,与弗伦斯堡交通部门记录的受法定有效期限制的信息相比,如今对驾驶活动信息的处理在很大程度上是不受管制的,并且每天都会有新增数据。

"跟踪所有汽车!"

影片中的詹姆斯·邦德驾驶出租车穿过城市追踪一辆车,而现代世界使用人工智能可以同时跟踪所有车辆,或者几乎所有的车辆,并且跟踪可以是全天候的且在全世界范围的。

这绝非仅限于私家车,运输公司也通过车辆定位系统观察其车队在整个欧洲的运行情况,他们想要确切地知道哪些货物正在向哪里运输以及所需的时间。小小的迂回、微小的延迟、微不足道的休息,都可能意味着盈亏之间的差异。

运输公司能够掌控的信息包括速度、载荷、轮胎压力、油量水平、发动机维修情况、温控器状态①,防盗报警和集装箱定位防盗。此外,自动工时记录系统也可以记录监视员工。在 GSM② 不可用的地区还

---

① http://www.gpsueberwachung.de/.
② GSM(Global System for Mobile Communications):全球移动通信系统,是源于欧洲的一种无线通信技术,当前我们用的移动和联通的网络就是 GSM 制式。——译者注

可以通过 INMARSAT① 来监控。

对于司机来说,这意味着他的工作暴露无遗:行车路径、工作时间,甚至上厕所休息的数据都会被发送到公司总部的大屏幕上,并被存储在硬盘上供以后调取。

在电子围栏后面

有些雇主认为监视是好的,要是能够控制会更好。现代货运代理商不必让监督局陷于被动观察中。如果他们想要进一步控制,只要使用所谓的"电子围栏技术"就可以,这样他们可以在中心控制室控制车队的行驶路线。

货运代理可以在国内和国外的地图上定义许可区域,并用电子围栏围起来。在这个围栏内,驾驶员可以开车去任何他想要去的地方,但如果他的车辆离开许可区域,控制中心会响起警报,甚至汽车发动机会熄火。

间谍路灯

智能技术越来越网络化,它们在我们日常生活中发挥了越来越重要的作用,比如普通的路灯。

路灯比飞在空中的无人机更接近实际生活,它们可以做的不仅仅是照亮街道。美国 Sensity Systems 公司的光传感器网络②,可以不

---

① 最早的 GEO 卫星移动系统,利用美国通信卫星公司(COMSAT)的 Marisat 卫星进行卫星通信,它是一个军用卫星通信系统。——译者注
② 加利福尼亚州森尼维尔市 Sensitivity Systems 公司的 Light Sensory Network(LSN)。

引人注目地监视整条街道。

只需 100 欧元的附加费用,该公司可以为每个 LED 路灯安装一个额外的传感器组件,它可以检测风速和污染,测量地震和检测人体活动。智能芯片评估原始视频,比如停车位的信息、积雪深度或转发交通状况。所有数据都与传感器、高性能网络、云端和分析系统连接,系统的可编程智能软件分布在各个路灯中[①]。

之后,智能软件根据报警信号检视视频录像中可疑的行动、人脸和被盗车辆的车牌号码,它们被存档和转发。

"机场、市政府和大型零售商寻求强大的安全解决方案,向员工和警方发送自动化信息,"Sensitivity 首席执行官比尔·格雷厄姆(Bill Graham)解释说,"为此人们需要智能视频和传感器。"

与监测伊拉克和阿富汗战场的自给自足的小球传感器相似,遥控传感器可能在高速公路上会有帮助,这至少是一些保守的右翼城市规划者的想法。在一份军火工业的专业杂志上,他们建议在大城市中应用军事技术。

"沿着街道和森林道路,那些传感器可以告诉我们一切——车辆运动、爆炸物痕迹、私人谈话,甚至所有东西的气味[②]。"幸运的是,这个建议几乎没有得到任何支持,但城市规划者希望在平民生活中使

---

① Corporate Website:http://www.sensity.com/about-sensity-systems.

② Huber, P. W. und M. P. Mills, "How Technology will defeat Terrorism(技术将如何击败恐怖主义)", *City Journal*, 2002. http://www.city-journal.org/html/12_1_how_tech.html.

用其他高科技侦察设备。

鸟瞰

能偷窥却不被发现是每一个间谍的梦想。冷战时期,这只能在太空中实现。美国国家安全局的传奇"KH‒11 钥匙孔"卫星是最好的眼睛,其高性能望远镜十分强大,它们是后来的哈勃太空望远镜的前身。它们在运行轨道上能够毫无风险地窥探遥远国度的细节,甚至能看到行驶在公路上的汽车的牌照[①]。

然而,冷战是很久以前的事了。另外,间谍卫星也有很多缺陷,比如它们必须沿着轨道运行,因此它们在目标地区停留的时间很短,之后它们不得不继续环绕地球运行。虽然图像的分辨率在当时已经算是比较高的,但由于距离很远,图像质量仍然很不理想,此外它们也非常昂贵。

属于现代武器系统的无人机可以自由飞行,也可以在距目标物很近的范围内飞行。无人机通常都配置一个高分辨率的长焦镜头,虽然它可以看清楚人和车辆,但视野非常狭窄,这被操作人员描述为"通过吸管观察物体"。广角相机可以定向观看且视野宽广,但它无法飞行,也无法传输信息。最终,人们决定将这两者组合在一起。

鹰眼看世界

五角大楼的研究机构 DARPA 希望采用最新技术的新型监视无

[①] "钥匙孔"卫星系列由美国国家侦查局(NRO)在 20 世纪 70 年代操作。

人机,关键是要有可变视野(可缩放)、高分辨率和众多的摄像机角度。DARPA 要为"掠夺者"无人机开发一个间谍组件包,该项目称为阿古斯(ARGUS),出自希腊神话中的一位巨人①。

传说这个巨人有 100 只眼睛,他受赫拉女神的委托监视宙斯,确保他不会出轨。阿古斯装备精良,当他睡觉时他的 100 只眼睛中只有一半是闭起来的,其余的时刻保持警觉。

五角大楼的"阿古斯监视程序"配备了 130 只"眼睛",每台摄像机拍摄的图像可以放在一起形成一个巨大的画面。与卫星不同的是,"阿古斯"始终保持监视状态。

它可以从距地面 6 000 m 的高空监控 40 km^2 的范围。不同的摄像机可以被单独控制,它们具有缩放功能,可获得 15 cm 大小范围内的细节。摄像机可以同时看几十个人,夜视光学系统还可以在黑暗中跟踪行人。虽然鸟瞰可能会使人脸识别变得困难,但"阿古斯"可以识别行人的步态,用黄色数字标记并跟踪人员和车辆②。

这样一个系统的数据量是相当可观的。根据劳伦斯·利弗莫尔实验室(Lawrence Livermore Laboratory)的计算,每秒有 12 幅图像,每幅图像有 18 亿像素,阿古斯产生的数据量为每秒 600 GB,这将每天产

---

① ARGUS(Autonomous Real-Time Ground Ubiquitous Surveillance):"自主实时地面无所不在监视"。其变体 ARGUS-IR 也提供红外线。

② http://www.darpa.mil/Our_Work/I2O/Programs/Autonomous_Real-time_Ground_Ubiquitous_Surveillance_-_Infrared_%28ARGUS-IR%29.aspx.

生 6 PB（6 000 TB）的视频数据[①]。处理器的功能在无人机和地面站的车载计算机之间分配,但尚不清楚无线传输是如何进行的。

有关阿古斯监视的文献线索不仅可以在军事专业文献中找到,在警察和私人公司的专业期刊中也讨论了它的潜在应用。民间执法部门也对这样的系统感兴趣,这不足为奇,毕竟无论是在沙漠中还是在城市里,这样的间谍技能都很具有吸引力。

不过,像阿古斯这样的超级系统对于当地警局来说太复杂了,也太贵了,因此这样的系统用于社会监视尚未全面实施,但是监视确实变得越来越紧密。

儿童和集装箱

间谍活动和大公司现在使用的许多高科技工具最初不是为人类设计的,而是为了货物,RFID 技术就是如此。

在今天的物流行业中,它被用作无线智能工具来记录在环绕地球的错综复杂路径上被运输的商品和货物。最重要的是,它有助于处理复杂的后勤任务,如集装箱船的装载。当港口的起重机操作人

---

① http://www. extremetech. com/extreme/146909-darpa-shows-off-1-8-gigapixel-surveillance-drone-can-spot-a-terrorist-from-20000-feet. （DARPA 展示一架 80 亿像素的监视无人机可以从 20 000 英尺远看到一个恐怖分子）

员对集装箱的堆叠和分类做"俄罗斯方块游戏"时,这些小巧的智能芯片帮助他们记录集装箱数量。

集装箱俄罗斯方块游戏

小型智能芯片不仅被植入木箱和容器,还被直接放入单个产品中。无论是轮胎还是 X 射线设备,烤面包机还是不粘锅,芯片可以跟踪它们环绕世界的路径,这让偷盗变得很困难。

在食品检测方面使用 RFID 芯片也有很好的应用前景,例如人食用某一种食物而发生细菌感染的情况,芯片可以帮助人们重建半片牛肉从农场到最终售卖柜台的路径。

精明的餐馆老板可以识别单一动物的来源、运输路线、疫苗接种情况和喂养计划。如果肉质变坏,可以找到发生冷却失效的地点,无论是在船上还是在超市里。

除了追踪肉源,RFID 芯片还可以通过结合 GPS 和电子收款机来控制营业额,服务员的休息时间和运行工作负载。从理论上讲,这些数据一旦被收集起来就永远不会被删除,服务员的效率和移动距离会被跟踪一辈子。

镶在马蹄上

RFID 芯片用于对生物的电子监视并不稀奇,特别是对于有价值的动物,这种花费是合理的。赛马被植入智能芯片,芯片中包含了有关马的主人、血统和当前疫苗接种的情况等信息,当它们越过边境时也可以用来记录隔离时间。

在农业中，牛群的主人也使用这项技术。当一头牛穿过大门时，其 RFID 信号被识别并被称重记录下来，这对牧场主人大有帮助[①]。

在人体上首次尝试 RFID 芯片是针对阿尔茨海默病患者。临床试验已经为 70 名患者植入了智能芯片。虽然这种芯片还不支持远距离的信号传输，但这已经可以帮助医护人员在诊所范围内定位四处走动的患者，并将他们送回自己的住处[②]。

盯梢人类

美国俄亥俄州的一家安全公司在两名员工的皮肤下植入了 RFID 芯片，用作自动进门的标识。虽然该计划是实验性的且自愿的，但它引起了美国数据保护者的注意。出于对人体完整性问题的密切关注，该计划已经被叫停[③]。这种做法引发了全国性的讨论，甚至有一些政治家建议对所有美国公民植入 RFID 芯片。

曾经有一段时间，智能芯片被装进德国人和美国人的旅行证件上，目的是加快他们在机场的身份检查。但事实证明，检查口处可以接受到来自更远距离的芯片信号，这样可能导致身份错误识别。美

---

① Brandon，John，"Is there a microchip implant in your future?（在你的将来是否会有一个微芯片？）"，Foxnews. com，2014.

② 相关的公司是 Verichip Corporation，www.verichipcorp.com.

③ Waters，R.，"US Group implants electronic tags in workers（美国公司把电子标签植入工人体内）"，*Financial Times*，2006.

国人护照中的芯片又被移除了,但德国人的护照中仍然有芯片。

德国边境的无线数据

德国联邦议院于 2010 年 11 月推出新的身份证时,RFID 技术是代表安全性的重要组成部分。在每个人的身份证右上方的塑料层下,有一个人眼几乎看不见的 13 MHz 的微小芯片,其中存储了持有者的完整数据,包括照片、指纹等个人生物信息。

加密的芯片通常非接触式地工作,数据可以从 2 — 5 m 以外的距离被读取,比如在边界检验处,需要官方配备专门装备来读取数据。

对于身份证持有者,芯片内容在私人电脑上也可以读取,但需要读卡器和个人密码,而国家不需要密码。公司希望用芯片来监视员工,互联网行业希望用它实现无现金支付①。

联邦政府曾保证其使用的新身份证的程序是绝对安全的,批评者却对此持怀疑态度。抗议团体在 YouTube 上发布了说明手册,指导人们如何使用家用微波炉让芯片失效②。

此外,各种研究人员和技术人员还在自己的身体中植入了 RFID 芯片进行自我实验。聪明的夜总会老板将这作为一种营销手段,每一个自愿植入芯片的客人都可以免费入场并享用一杯饮料,而制造

---

① http://www.pcwelt.de/ratgeber/Details-zum-RF-Chip-aus-dem-Ausweis-1367032.html#sthash.wk19dcFG.dpuf.(证件中的 RF 芯片的细节)

② https://www.youtube.com/watch?v=259yg74Z3yk.

业嗅到的最大商机在儿童身上。

在校园里嗅探

对学生使用 RFID 技术进行监视在今天仍然是不寻常的。但这也不是新闻了,早在 2010 年,加利福尼亚州的一所学前教育学校已经开始将 RFID 芯片缝入学生的制服中。

未成年人是民事行为能力不完全的人。在保守的得克萨斯州,人们想要密切注意他们的活动情况。因此,圣安东尼奥约翰·杰伊高中使用了 RFID,每个学生都收到一张带有嵌入式芯片的证件,他们被要求必须随身携带这张证件。11 年级的安德烈亚·埃尔南德斯(Andrea Hernandez)认为这是对她基本权利的侵犯,当她拒绝携带学生证时,她被禁止上学,埃尔南德斯提起了诉讼①。

其实,有争议的学生证不只用于监督,而是关于金钱。得克萨斯州政府对学校的补贴资助与学生出勤人数有关。如果一个学生错过了早上的集合,学校就不能收到州政府对其的补贴。有了 RFID 芯片的监视,学校可以证明学生是在场的。

学校最终放弃了这一有争议的做法,但是对学生监督没有完全取消。学校管理部门选择了不同的技术,他们在校园内安装了 200 台闭路电视摄像机。

---

① Kravets, David, "Student Suspended for Refusing to Wear RFID Chip Returns to School (因拒绝佩戴 RFID 芯片而暂停学业的学生回归学校)", *Wired*, 2013.

与此同时,人们发现 RFID 芯片并非控制儿童的最佳技术,更大的商机在别处。

追踪流浪汉

在丹麦约有 10 000—15 000 名无家可归的流浪者住在街上。民政部门和福利机构很难了解这些人的生活习惯。他们中的许多人有债务问题,有些人有精神障碍或在警方那里有众多案底。关于他们的生活条件问题,他们的回答总是迟疑且困惑的,往往一点都不知道。

欧登塞市市政府想到了一个解决方案——电子监视。于是,一群无家可归者被配备了 GPS 芯片,这支"志愿试验小组"的路径和位置会在两周内被追踪和记录。

项目经理汤姆·勒宁(Tom Roenning)说:"这个方案的目标是尽可能多地了解无家可归者的生活。我们想知道他们去了哪里,什么时候去的,待了多久。"根据对他们的了解,社工将更好地为他们准备长凳、厨房、睡眠场所和电车站。

"通过了解无家可归者的偏爱地点和日常节奏,我们可以改善我们的社会服务。"勒宁解释说[①]。在 GPS 芯片的帮助下,无家可归者的所有活动都在空间和时间上记录在一张大地图上。是否参与监测是自愿的,参与者每天可获得 3 份热餐点,以此奖励他们的合作。但批

---

① Lasarzik, Annika, "Peilsender für Obdachlose(无家可归者的测向发射台)", Spiegel Online, 2014.

评者认为,国家跟踪需要照顾的人是令人恐惧的,而且是值得怀疑的。由此收集到的数据当然也是警方感兴趣的。

许多试点计划一开始都以崇高的目标为理由:关怀那些在医院感到迷茫的阿尔茨海默病患者、在迪士尼乐园逃跑的孩子、在互联网上遭遇危险的年轻人。然而一旦设备安装完毕并收集到第一批数据后,这一切就离"非自愿消费的监视道路"不远了。

随着每一个新系统、每一个传感器、每一台摄像机和每一台存储器的配备,我们的社会越来越接近于全面监视,人们感觉到受监视的地方越来越多了,有可能在自己的公寓里,也有可能在电梯里。

电梯里的眼睛

电梯似乎应该是让我们感到安全的地方。如果我们自己单独在电梯里,我们可以做一些很私人的事情,比如检查发型、与伴侣爱抚亲吻,或者静静地抠抠鼻子。在那里,我们不会受干扰,也不会被观察。

美国职业橄榄球运动员雷·赖斯(Ray Rice)就是这么想的。2014年2月15日,他在大西洋城狂欢赌场(Revel Casino)的电梯里对未婚妻感到非常生气,他当时有些酒精上头,这位巴尔的摩乌鸦队的中卫以为电梯可以帮自己做掩护,于是他对未婚妻雅内奇·帕尔默

（Janaych Palmer）动了拳头。凭借强大的左勾拳，体重 220 磅的运动员击倒了他的女人，并将昏迷的她拖出电梯。

在赌场安全人员和一堆美元面前，赖斯逃脱了罪行，但电梯里装有摄像机，录像画面被记录在赌场总部的系统里。信息被泄露了，有人将视频卖给了八卦网站 TTT。

一夜之间，视频就像病毒一样被疯传，数以万计的人看到了电梯里的画面并做出评论，随后谴责的风暴降临到这名运动员身上。在公众的压力下，雷·赖斯被球队解雇，并被美国橄榄球职业联赛（National League）无限期停赛。

电梯也给高级经理人德斯蒙德·黑格（Desmond Hague）带来了灾难，他认为自己在电梯里的行为不会被人看到。这位餐饮业的百万富翁当时正在照顾邻居家的狗，那只名叫"萨德"的可爱杜宾犬当时有点焦躁，这位百万富翁为此很生气。

他肆无忌惮地踩踏小狗，粗暴地拉着它的项链带，还用拳头反复击打小狗。当电梯门打开时，德斯蒙德·黑格若无其事地走出电梯，并且忘记了这件事。

接下来，公寓楼管理人员匿名在互联网上发布了这个视频，德斯蒙德虐待动物的行为是显而易见的，网上骂声一片。防止虐待动物协会（Society for the Prevention of Cruelty to Animals，SPCA）的动物维权积极分子发起了对这位高级经理人的刑事诉讼，网民呼吁抵制其餐饮公司①。

起初,这位百万富翁认为自己只要道歉就没事了。他在一份公开声明中说:"我完全是一时冲动,对此我正式道歉。"然而,他低估了网民的威力。他被公司的监事会要求捐款 10 万欧元,用于建立一个以杜宾小狗"萨德"命名的动物福利基金会②。事情还不止这些,风暴持续了很久,对公司造成的损失无法估量。

2014 年 9 月 2 日,德斯蒙德·黑格卸任经理职务。公司方面也声明与其划清界限:"我们要强调,我们既不认可也不容忍任何虐待动物的行为③。"

谴责代替调查

在上述案例中,证据都很清楚——电梯中的视频被曝光。罪犯第一时间受到来自网民而不是法院的谴责,网民宣判了他们"有罪"。舆论风暴"代替"了刑法,没有辩护,没有审判,没有上诉。

无论是法律意义上的正义还是民众的力量,社交媒体的舆论制

---

① Bell, Rudolph, "CEO on probation after dog-kicking video released(首席执行官在虐狗视频流出后停职)", *Greeenville Online*, 2014. http://www.greenvilleonline.com/story/money/business/2014/08/27/ceo-centerplate-probation-video-released/14708961/.

② Talmazan, Yuliya, "EXCLUSIVE:BC SPCA investigates video showing alleged dog abuse(独家新闻:BC SPCA 调查显示虐狗的录像)", *Global News*, 2014. http://globalnews.ca/news/1520753/exclusive-bc-spca-investigates-video-showing-alleged-dog-abuse/.

③ "CEO seen kicking pal's puppy in elevator resigns(在电梯中踢打小狗的首席执行官辞职)", *Fox News*, 2014. http://www.foxnews.com/us/2014/09/02/ceo-seen-kicking-pals-puppy-in-elevator-resigns-report-say/.

造者都是强大的。舆论风暴不仅让明星们担忧，还让大公司的高管和强势的政客感到害怕。

对于民营企业，舆论风暴的后果也可能是致命的。许多公司正在考虑如何保护自己。舆论风暴竟然还催生出了一个行业——舆论操控，他们散布反对竞争的恶毒谣言或者生成数以万计的脸书好友，他们的手段就像邪教一样，不管人们是欢迎还是谴责这一现象，都不能忽视它。这是我们这个时代新的司法制度，监视摄像机成为监护人。

不引人注目的闭路电视

除了在电梯里，人们在火车车厢里、自动提款机旁、百货商店出口处或电影院售票处，都不断地被监视着。

在英国首都旅游的游客应该提防那些不引人注目的"电子眼"。伦敦以其大面积的闭路电视（CCTV）而闻名。20世纪90年代以来，CCTV在英国迅速且系统地扩张。今天，英国的摄像头总数达到500万个左右，平均每一个摄像头可监视14位英国公民。根据伦敦市中心人口密度计算，一个人平均每天会被300多台摄像机拍到其出行活动。

纽约市向来以自由派政治和宽松的公民身份而闻名，现在却成了间谍的天堂。"9·11恐怖袭击"事件发生后，纽约市建立了一个大规模的监视系统。例如，域感知系统（domain awareness system）使用超过 3 000 台联网的闭路电视摄像机观察这个大城市的街道,该系统可以跟踪某一目标人物,从一个位置到另一个位置。

域感知系统是由纽约市警方与微软公司密切合作开发的。除了单纯对人员观察之外,它还可以确定一个手提箱的大小和形状,或者在几秒钟内很快定位人群中的某一个人。

嫌疑人一经被认定——多半是通过自动人脸识别——就可以调出其保存在警方的档案,包括逮捕记录、与其有关的紧急呼救,以及在其附近发生的无法解释的罪行。此外,警方还可以制作重点犯罪现场地图,找出犯罪嫌疑人的汽车,并追溯他在之前若干天内的路线[1]。

开发者为直升机和港口警察开发了域感知的移动版本,甚至还有装在街道巡逻警察的皮带扣里的迷你版本,它们都装有传感器,可以检测出含有极少量可制作核武器或化学武器的材料[1]。

如今在任何一个大城市,没有人能躲避隐藏摄像机的监视。除了国家的一系列措施与管控,民营部门也安装了无数摄像头。

警察们很高兴地向他们借用信息,毕竟国家资金不可能支持全面监视。在"波士顿马拉松暗杀事件"中,警方搜集了数百部私人智能手机,并分析其中的照片用于他们的调查。波士顿的每一部手机的主人都成了一名摄影师。这是一种紧急状态下采取的不得已的手

---

① Martin, Adam, "NYPD, Microsoft hope to make a mint off new surveillance system(纽约警察,微软公司希望做一个创造性的新监视系统)", 2012.

段,警方这样解释。

日常生活中的情况更加复杂。在每一个犯罪现场,我们看到警方毫不犹豫地在嫌疑人的电话中调出呼叫清单和私人照片。即使私人照片被手机主人因个人原因删除,警方也可以通过技术手段恢复资料并作为证据。此外,百货店和提款机的监视图像也经常被作为证据。实际上,这些录像属于摄像机所在的百货公司和银行所有。

在寻找失窃的汽车或失踪的孩子时,许多人可能会接受这种"不太妥当"的方法,但在监视政治抗议或者逮捕非法移民方面,人们又不认可这种方法。

合法性的边界是流动的,法律是不明确的。脸书上的照片可以迅速成为警方通缉犯罪嫌疑人所用的照片,自动取款机的进程也可以迅速由警方进行对比。

从自动提款机到对比

警方希望私人监视系统能与警方的监视系统同步。这样,一个嫌疑人的行踪可能被整个城市的监控系统所覆盖。英格兰的执法机构做出了类似的努力,他们的系统与加油站的摄像机进行了联网。

但问题在于,与单纯的数据存储相比,私人监控与警方监视的联网对数据带来了更大威胁。在法律上,一个守法市民是被私人摄像头随机拍到,还是被警方的实时摄像头跟踪,这两者之间有很大的不同。如果没有限制,人们的基本权利就如同一张废纸,每一个录像都会成为公民非自愿被搜索和调查的一部分。社会成了一个大电影院,而我们都是跑龙套的演员。

告别私人生活

无论如何,我们对私人生活的憧憬都只是一种幻想,以前也是如此,我们知道想要保护自己的隐私只能靠碰运气了,因为一个愚蠢的巧合,它们就会泄露:出轨的男女会在酒店大堂碰见自己的邻居,逃学的学生会在商场被老师发现,一个秘密的工作申请会被好奇的同事泄露。这是过去曾对我们私生活造成威胁的风险。

如今,隐私泄露已不再需要什么巧合,国家对人民的监视是全方位的,并形成了一个系统,可被泄露的内容不仅包括刚刚发生的事情,还有几十年前发生的。我们可能在很久以前做过一些令人遗憾的事,我们希望它们不再出现,但它们却被永久地保存下来,不可收回,也不可取消,这成了我们永远不能摆脱的幽灵。

人会遗忘,但数据库不会。我们的私人生活已经不再被自己控制。"我的数据我做主"这种想法已经成为历史。私人数据已被吸走、被储存、被交换或被销售到某个地方,即使我们可以找到存储地点和数据中间人,也极有可能无法确定数据的来源和所有者。那么它们是如何拥有这些数据的?是通过一张会员卡?还是一份网上订单?还是点击某个软件的使用条件?

这些都不重要了,几十亿美元的生意在其中运营。现在,数万亿字节的数据掌握在人工智能手中,对于人类来说,这样的数据量是无法应对的。只有通过功能强大并具有学习能力的软件才能实现——机器比我们聪明很多倍,我们创造了一个怪物。

沉入数据海洋

世界的数据库正在以指数级速度增长。在没有法律管制的野蛮交换中,联邦德国公民的私密信息被来回推送。信息来源往往是不可追溯的,无论是对于那些想要控制自己数据的消费者,还是那些数据库操作员,都是如此。增长规模超出了每个人的想象,业界的人称之为"谷歌数量级"。这其中的数据不是静态的,它们处于不断地更新迭代中,以令人眩晕的速度一直在增长。人们在活动,出售汽车,换工作,生孩子或者死亡。昨天的信息可能在今天仍然是及时有效的,但可能到了明天就变得毫无价值,也有可能在几秒钟内就如此。但不值钱并不意味着会被遗忘。

遗忘、压缩、保存

人们肯定已经注意到,当我们撰写短信时旧文本会再次出现,人会忘记,但大数据不会。

我们的智能手机知道我们曾经在哪里,我们做了什么。无论是滑冰还是购物,爵士晚会还是慢跑赛道,我们的过去隐藏在某个旧日历、某个搜索引擎、或某段浏览历史中,甚至可以追溯到几十年前。信息全部都在那里,就像我们脸上的皱纹一样永远跟随着我们。预测比知道过去要困难得多,但不是不可能的。

广告营销业的占卜师

今天,人们不需要水晶球就可以解读未来,只要数学能力好就行,这门科学称为"预测分析",这在今天的社会中得到广泛应用。例如在打击犯罪方面,对性犯罪者的限制或恐怖嫌疑人的禁飞名单就是一种预测,预测某种行为或评估未来的风险。

在保险行业,商业模式随着未来预测而产生变化。与博彩公司一样,人们可以计算事故或疾病的统计概率,并为其提供一个价格。同样,银行贷款也是一种预测。金融机构放债时会假定债务人能够偿还债务,同时也会因为风险而提高利率。保险和金融业花费数十亿美元研究这种可能性。可用的数据越多,预测就越可靠。

数学代替水晶球

同样地,营销业务的目标是尽可能多地掌握消费者的信息,并尽可能多地预测他们将来的行为。每一个消费者都会留下一些数据,研究人员想要由此得出有关消费者个人情况的结论。

我回忆起自己在美国的单身时光,在超市购物时只要瞄一眼一位女士的购物车就可以判断她的状态——帮宝适纸尿裤意味着一个婴儿,威士忌意味着一个男人,熟食则暗示她可能是单身。

今天的行为研究者更加精明。他们可以从大数据中读出人们的意图和想法,而相关的个人甚至并未意识到这一点。社会科学家已经计算出我们40%以上的行为由习惯控制,而不是由有意识的决定来控制的。

营销人员正在十分有效地关注着消费者。例如,折扣商店 Target 会给每一个访客都建立一个顾客 ID,其中包括姓名、地址、年龄、性别、体重、婚姻状态、信用卡和购买情况。此外,Target 商店还储存着其他信息:顾客住在哪里,与谁住在一起,到分店的驾车时间,以及工资和银行的信用评级。另外,顾客的籍贯和肤色也被关注,对民族餐馆或旅行社来说这种分类也许有所帮助。数据保护者认为,按照种族和宗教对消费者进行分类侵犯了人的尊严,但分类远不止于此。

此外,商家还可以额外购买顾客的第三方数据,如结婚(或离婚)和购房(或强制拍卖)、毕业和慈善捐赠等记录;顾客以前的工作和订阅的杂志也受到注意,还有他们对咖啡、卫生纸、早餐麦片和果酱的首选品牌。

但只有当这些数据能够体现一个人的购买行为时,它们才是真正有价值的。这是顾客营销分析部门的职责,他们通过分析做出对顾客的预测。

简单的数据对比现在正在被更复杂的程序所取代。许多人正在使用人工智能来创建"知识发现数据库"（knowledge discovery data bases,KDD），这些数据库使用先进的启发式方法来计算概况并预测未来的行为。

类似亚马逊这样的在线平台使用这种系统，根据顾客的喜好对他们进行分类。例如，为顾客创建圣诞节愿望清单，这实际上是一个很好的服务。采购单自然促进了在线公司的销售。即使这些商品在其他地方被购买，亚马逊也得以了解顾客的喜好，并可以更好地对他们进行分类。

因为数据才是关键，数据往往比单笔交易更有价值。数据被分类后，消费人群也被分类了——这有利于购买趋向和广告的接受性，不利于信用风险或犯罪活动。

监视无处不在，没有什么是无影无踪的。像汉赛尔与格莱特一样，我们所有人都留下了面包屑①，而人工智能收集了它们。

熔炉的存储空间

在专业术语中，大数据的收集被称为"数据挖掘"。这个概念来

---

① 格林童话《汉赛尔与格莱特》中的一对兄妹，后妈狠心将他们送去森林深处，他们一边走一边撒面包屑试图标记回家的路，可惜面包屑被鸟儿啄食，未起作用。这里的类比不甚恰当，一则我们的"面包屑"是无意落下的，二则它们真起了作用。——译者注

自采矿,表示取其精华。对数据的评估被称为"数据精炼",表示使其充实。如果某个来源只包含很少的信息或完全是匿名的,则它将与其他来源合并。例如,如果某个人的姓名和居住地存在第 1 个档案中,宗教和党派存在第 2 个档案中,金融债务存在第 3 个档案中,则只有通过数据融合才能建立有意义的个人档案。这是用所谓的融合软件完成的。这种软件最初是为国防安全开发的,它可以把无数个别信息拼凑成一幅整体画面。如果数据量特别大,则称这种方法为"极端尺度分析",这是数据经纪人的工作。

在一个巨大的交换和共享系统中,百货连锁店和信用卡、邮购公司和保险公司、金融机构和航空公司、飞行常客计划和电话供应商的档案被收集。数据分析者使用精巧的算法将个人数据相互联结,最终按照专业领域销售,其专业术语称为"多尺度时空跟踪"[①]。

数据的收集和充实是一项蓬勃发展的业务。美国咨询公司 Security Stock Watch 跟踪安全行业的 100 家公司的股票价格,这些公司涉及生物防御、环境安全、防欺诈、军事防御、网络保护及人身安全等多个领域。根据他们的统计,安全行业每年的增长率都高于道琼斯很多股市巨头。他们的总市场规模估计超过 5 000 亿美元。

数据被分级、分类和归类,人也被分级、分类和归类,美元和欧元

---

① Hampapur, A. et al.（2005）,"smart video surveillance（智能摄像监控）", *IEEE Signal Processing Magazine*, März, 2005.

被大量赚取。

国家数据的融合

"9·11事件"不仅扩大了西方安全机构的监视程序,还促进了数据方面的广泛合作。情报部门和检察官的无数档案在全国联网。从那以后,数以百万计的数据每天来回流动。例如在英国,驾驶员和车辆牌照管理局(DVLC)的驾照数据、国家自动指纹识别系统(NAFIS)的指纹信息、暴力罪犯和性罪犯名册(ViSOR)的犯罪记录、国家人脸图像数据库(FIND)的人脸图像都进入中央警察(PNC)系统。在那里,这些数据可以一起或单独地被该国的任何一位警务人员访问。

通过这次巨大的信息融合,调查人员可以全面了解案件中的所有犯罪行为和罪犯。愚蠢的是,这些信息并不总是可靠的。在很多情况下,这些条目是可疑的告密者提供的,可能存在虚假陈述和可疑证词,并且导致无辜者被捕。

警察有时会被这些资料误导。在一项议会研究中,刑事记录局不得不承认有2 700人被错误地定罪①,其中有一些造成了不愉快的后果,比如受害人被公司辞退,求职被拒绝,当事人往往从来都不知道被辞退的原因。在英格兰的另一项调查中发现,警方电脑中有22%的报告包含错误信息。

---

① Gutwirth, Sergey, "Data Protection in a Profiled World", *Springer Science + Media*, Heidelberg, 2010.(在一个用数字表示的世界的数据保护)

药物测试是一个常见的错误来源。登录项目往往不区分对象是偶尔吸一支大麻,还是严重成瘾,甚至是大毒枭。无论如何,药物登记册上的一个小记录足以毁掉受害人的整个职业生涯。

囚犯知道国家数据跟踪他们有多长久,但商业数据库的受害者却毫不知情。

私人数据的合并

随着私人数据的大规模合并,纠正错误变得越来越困难。在大多数情况下,当事人甚至不知道哪里存储了他们的哪些数据,以及是否有可能存在错误。即使他们发现了错误信息,他们也不知道有什么手段可以解决这些问题。他们的权利是什么?谁负责?谁来做担保?

如果国家对此有相关规定的话,那也是不清楚的。即使是行业巨头也不知道具体信息来自何方。他们的存储器中的信息已经来回交换了数百万次,因此这对任何人都不再是一目了然的。

但这是有利可图的——特别当这些信息是人们渴望知道的详情细节,可以帮助区分有利可图的顾客和死档案。为此需要复杂的数学和公式,也就是需要人工智能,需要专业知识。

此外,这个行业还需要社会学家,如今行为研究的黄金时代已经开始。精英大学正在建立新的专业学科,专注于研究人们的行为习惯。潜在的行为学研究人员还在大学里学习时就被猎头盯住不放。

几乎德国的每一家较大的公司,甚至德国邮政股份公司都雇用了预测分析专家①。

马赛克大师

这项业务的参与者是数据经纪人,全球性的跨国公司在个人信息的销售上赚了数十亿美元,例如 Datalogix、eBureau、ID Analytics、Intelius、PeekYou 和 Recorded Future 等公司。我们几乎不了解他们,但他们了解我们,那是他们的商业模式。

其中一个主要参与者是一家位于美国南部的公司 Acxiom。Acxiom 公司拥有约 7 000 名员工,年销售额达数十亿美元。Acxiom 被认为是全世界最大的民营数据库。根据该公司人员自述,他们每年完成 500 亿次交易,这比联邦调查局和美国税务机关的数据往来加在一起还要多。仅在德国,他们就拥有 6 600 万德国公民的数据。

Acxiom 是这个行业里的一个安静的巨人,该公司很少抛头露面,其公关格言是:没有消息就是好消息。对于私人数据被交易的消费者来说,Acxiom 几乎是不可见的。

监管机构知道该公司的产品有多敏感。"如果数据库将某一个人说成是糖尿病患者或者孕妇,我们想要知道这些信息的后果,"美国商务部的朱莉·布里尔(Julie Brill)说:"我们的社会必须决定如何

---

① Clauss, Ulrich, "Computer führt Polizei zum Tatort(计算机把警察导向作案地点)", *Hamburger Abendblatt*, 2014.

处理这个问题①。"

Acxiom 的数据不仅被收集,也被融合、分割、分析和销售,公民的信息被分类为"基督徒家庭""非吸烟家庭""饮食和减肥"或"打赌/赌场"等可销售的类别。根据公司的销售文件,这些数据提供了"消费者的全貌"。

这些信息是私人化的,非常私人化。也就是说,详细信息来自个人家庭,而不是像过去那样,是一个地区的平均统计数据②。多种来源的融合使公民更加脆弱,但是经济数据更具有商业价值。按照美国银行副总裁凯文·黄(Kevin Huang)的说法,这些数据有助于"借助家庭层面的外部信息补充对内部顾客的说明,并提供顾客的全面信息"。

顾客关系管理包括高等数据监视艺术。德国公司 Schober 在这方面很擅长,这家位于斯图加特的数据公司提供的是"合乎数据保护原则的个人和匿名数据的合并。"

借助这些数据公司,人们得以知道顶级顾客是什么样的,如何将与顾客现有的关系最优化,或者如何能够重新激活不活跃的顾客③。

---

① Bolle, Justin, "You for Sale(你被出售)", *New York Times*, 2012.
② https://www.castlepress.net/cp_assets/CP_Lifestyle.pdf.
③ http://www.schober.de/home.html.

在网站上,他们提供了以下有用的工具:

(1)使用 Capaneo DataDriver,当网站加载时您会被识别为他们网站的匿名访问者,并分配到固定的用户配置文件。

(2)您可以在没有登录的情况下在线识别您自己的现有顾客①。

像 Schober 这样的公司强调他们的工作符合数据保护。他们必须这样做,否则可能触犯法律。

但是弯道是存在的,需要融合数据的德国公司可以在外国运行。它们从德国出口符合数据保护要求的数据,并将融合后的数据(包括名称和身份)从国外取回,任务完成了。这种方法对大数据的发源地美国来说效果最好,总统对数据融合这个话题深有体会。

奥巴马的权力机器

没有大数据,大生意是难以想象的,强权政治也不行。

巴拉克·奥巴马(Barack Obama)进行了有史以来最大的数据融合之一。在 2007 年的总统选举中,他创造了历史。

在竞选中,奥巴马与共和党候选人约翰·麦凯恩(John McCain)每人花费了 10 亿美元,这是美国历史上最高的竞选花费,但他们的运

① http://www.schober.de/technologien/capaneo-datadriver.html.

作方式完全不同。

失败者麦凯恩主要投资于传统的选举研究。他的工作人员用能够表示总人口统计横断面的所谓"代表性群体"来预测,调查结果被简单地高估了。在曾经很长的一段时间里,这被认为是衡量意见和趋势的最好方式。

奥巴马团队质疑这种常规的民意调查,他们把竞选规则颠倒过来,研究选举的全新世界被发现了。

社交媒体的力量

奥巴马的团队既年轻又时髦,他们很早就认识了社交媒体的力量,并大量使用它们。61%的美国年轻选民拥有脸书账户(当时在德国这个数目接近35%),1/6的美国人是推特用户(德国是6%)。在选举时奥巴马拥有3 600万脸书好友,而安吉拉·默克尔只有28万。

社交媒体只是前奏。2009年1月,奥巴马聘用了大数据研究领域的传奇人物大卫·普卢夫(David Plouffe),他毕生都在研究电子表格和统计、情况报告和效率度量、概率和选民漂移,他成为帮助奥巴马第一次选举成功的策划者。

普卢夫从美国的一个州奔走到另一个州,研究已知的统计数据并开发新的。然而,他的数字并不像通常那样基于粗略平均和有代表性的样本群体。他的基本信息来自私营企业的合并数据库以及成千上万通私人电话。

普卢夫的工作是计票，一张接着另一张。他从公共档案中收集了美国各个选区所有符合条件的选民的名单。他把这些名字与选区中已确定的投票意向相匹配。为此，普卢夫从民营公司的数据库中购买了详细的消费者资料，这使他能把它们融合，以确定选民的身份。

数据库中的每个人名下平均存储了 1 500 个数据。每个人都被归入以下两类：他们是否会投票和他们是否会投票给奥巴马。

这些资料在大街上被使用。助选者通过微模型搜索目标人物，在他们按响每一扇房门的门铃时，他们已经清楚地知道谁住在那里，他们得到的资料可以精确到每一户人家中的每一个人。选民的意见被仔细地记录下来，然后返回系统来改进数据库。

在竞争激烈的州，奥巴马的助选人员每周接触 5 000 到 10 000 个家庭。他们通过电话或在门口进行短暂谈话来收集意见。另外，他们每周还进行 1 000 多次访谈。不仅选民受到监控，奥巴马的助选者也被记录在册。

志愿者开发了一款智能手机应用程序，使用该程序可以在现场制作日报。助选者还可以从总部通过应用程序获得最新信息[①]。另外在总部，还有一个名为"仪表盘"的程序帮助评估助选人员本身。

[①]　Issenberg，Sasha，"How President Obama's Campaign Used Big Data to Rally Individual Voters（奥巴马总统的团队如何利用大数据来动员每一个选民）"，*MIT Technology Review*，2012.

那些使选民生气,或者完全没有号召力的人将被排除。

一个名为"目标共享"的协议将奥巴马的脸书朋友进行分类,分类的依据是他们的那些已经申请、注册,并有可能动员起来参加助选的朋友。

这次选举不仅对奥巴马来说是一个历史性的胜利,对他的竞选方法来说也是一次胜利。他的成功当选结束了电视竞选广告的长期统治,对传统的意见分析提出质疑,并颠覆了竞选活动的规则。

行为研究的时代

从法律上来说选举的秘密可能仍然保留在投票箱里,但事实上已经没有了。至少可以这样认为,大公司、国家机关和政党都可以从每个选民的数据中推算出他的投票结果。

那次选举结束后,麻省理工学院的技术人员分析得到,奥巴马的竞选团队走访了投票给奥巴马的 69 456 897 位美国人中的每一位[1]。

我们还剩下什么? 我们早已失去了秘密。我们的邮件被国家系统地截获和评估。在没有许可证的情况下,我们的个人生活不断地被调查。在没有法庭命令的情况下,我们的电话被窃听、汽车被跟踪、阅读习惯被记录下来,我们的生活被分析,包括最微小的细节。我们

---

① Issenberg, Sasha, "How President Obama's Campaign Used Big Data to Rally Individual Voters(奥巴马总统的团队如何利用大数据来动员每一个选民)", *MIT Technology Review*, 2012.

是没有秘密的玻璃人,而这是我们自己的错。我们都参与了"监视社会"的建设——有时是自愿的,有时是无意的。

随着我们不停地点击鼠标,我们清除了"路障",我们的数据被存储,然后被整理,被人工智能整理。

新的阶级社会

人们被不断地分类:生活条件好的、经常旅行的、大量消费的、占有很多的、支出很多的,等等。谁在上层游泳,谁在底层潜水,管理我们数据的公司能做出最好的评价。

最优等级

营销人员渴望高端消费者,如约会日程排得满满的和钱包中塞满信用卡的商人。他们将被当作 VIP 来对待,并根据他的数据受到优待。作为一位金卡持有人,在机场或酒店接待处迎接他/她的是红地毯和天鹅绒窗帘。他/她能得到双倍里程且不用排队,没有行李限制且可能享受免费的豪华轿车接送服务。

高收入的信用卡持有人也受到优待。他们有自己的 VIP 热线,他们会得到精英员工的特别关照。在电话机旁等候的时间更短,还有很多特别优惠和奖励,这些都是普通老百姓从未经历过的。目标人员优先,其他人靠后,他们必须等待。

呼叫中心里的阶级社会

按商业或社会地位将人进行分级是当今商业生活的"标准"。营业额越高的顾客越有价值。好顾客的等待时间较短,可以得到称职的顾问和增加商业信誉度。今天的阶级社会用会员卡来标识。

电话公司,特别是移动电话供应商也会做分类。过去以金卡身份和忠诚度的积分来衡量,现在则按合同规模。呼叫中心员工是根据社会阶层分类的,按照社交能力和生活方式他们被分配到相应的市场,被系统分类为上层的人可以为 VIP 顾客服务。

任何因为其数据在底层徘徊的人都没有得到好的待遇。他们处于系统外部——作为一个"底层阶级"的成员——被排挤、被忽视、被限制,如同坐在火车车厢的最低等的木头长板凳上。

信息高速公路上的禁止通行令

大部分软件对人及其生活的不断分类是不可见的。当事者在不知情的情况下被分为富人和穷人、受欢迎者和不受欢迎者。这个系统置食物链底层的人于明显的劣势。他们的等待时间较长,为他们提供的选择较少,对他们的服务较差。他们被分选出来,但很少人知道为什么会这样。标准是不可见的,而且不容争辩。有谁可以帮助我们?

4 防御——大卫对抗谷歌利亚

大数据使我们措手不及,尽管数十年来它一直在发展,但没有人高瞻远瞩地预见它的到来,或担心它将会怎样影响我们的社会。

从千字节到兆字节,到千兆字节再到兆兆字节,每增加一千倍,信息内容都以指数级速度增长。我们可以收集一切,无须删除任何内容。今天,我们事实上拥有了几乎无限的存储空间。我们过于愚钝而未能意识到这一点。突然间我们注意到如果要保护我们的民主,我们就必须重新定义法律和公民的基本权利。我们对邮件保密和私人生活的法律要求,即人的不可侵犯的尊严已经处在最大的危险中。我们的民主不再适合大数据,反之亦然。

新闻界和政界的反应是歇斯底里又十分天真的。人们要求国家给出解决方案的呼声很高——我们需要德国的服务器、德国的供应商、德国的硬件制造商和德国的搜索引擎,似乎这样就可以停止大数据威胁。就像飓风在跨越国家边界时不可能减弱一样,信息的浪潮也不可能仅在一个国家范围内解决。

观察德国和全欧洲在大数据方面的工作,对人工智能的有效控制几乎是没有希望的。与这个比"全部人类加在一起还聪明一千倍"的新物种相比,大数据相对简单,它归根结底只是一个存储空间。

欧盟寄希望于不能奏效的法律和不能有效解决问题的措施,并且希望这个问题能以某种方式自行解决。事实上,大数据正像海啸一样席卷整个欧洲,这是由一个没有透明度和有效控制的行业驱动的海啸。德国汉堡是数据保护者的所在地,他们负责数据水坝的管理。

"大卫"对抗"谷歌利亚"①

谷歌公司是世界级的大公司,市值上万亿美元,实力雄厚,其德国总部位于汉堡 ABC 大街 19 号。这是一个充满乐趣的地方,有五颜六色的墙壁,有趣的气球和吸引人的工作氛围。谷歌公司的会议可以选择在地铁车厢里进行,或者在预订的飞机商务舱里进行;在食堂里,雨伞吊在天花板下面;在娱乐室里,员工可以玩台球和沙狐球、乒乓球或桌上足球。一个 YouTube 视频展示了公司员工在房间里跳跃歌唱。"我们在汉堡公司过得很开心。"

---

① David to Googliath 由 David to Goliath 变化而来。大卫和歌利亚分别是《圣经》故事里的英雄和巨人。身材弱小的大卫用计策把身形巨大的歌利亚杀死。此处指政府机构对抗谷歌,但这一类比并不合适,因为作者也不认为政府目前是谷歌的对手。——译者注

谷歌是一个乐观豁达人士的聚集地。

而"大卫"就住在与"谷歌利亚"相隔几条街的地方,他的使命是对付这个强大的实体。约翰尼斯·卡斯珀(Johannes Casper)教授是汉堡参议院的数据保护官员,他的工作可没有那么轻松。这位"数据警察"坐在一个政府办公室里,里面有一张结实耐用的桌子和一个大书柜,从窗户望出去是一个单调的后院。这是一个在高等地区法院建筑中毫无乐趣的机构,办公室里只有抛光地板和生锈的散热器,没有乒乓球,没有气球,也没有炉膛中腾跃的火焰。

教授管理的团队有 14 名雇员,他们的任务不只是监视谷歌公司,还有脸书、推特和其他遍布德国北部的 16 万家与个人隐私相关的公司,他们有很多事情要做。

卡斯珀教授尽心尽力地外出参加谈话节目。他大胆地在参议院内部为自己的团队争取合理的经费预算。无论在何处,他都勇敢地对拥有数据的超级力量发出警告。但是实际上他知道,以他有限的资源难以对抗这些企业,或者说难以对抗整个监视系统。

政界和新闻界提出的关于应该如何管理大数据的一些想法都是仓促且武断的,就好像在沙滩上构筑沙雕来阻止海啸一样。

这是一场"大卫"对抗"谷歌利亚"的战斗。

卡斯珀抱怨说:"谷歌拥有许多德国公民的复杂个性特征,并对其(未经当事方同意或当局批准)进行经济评估,其中包括性取向、私人财务状况等很多敏感的个人信息。当收集用户数据时，谷歌至今尚未做好实施法律要求的有利于用户控制的措施。"①

2014 年 10 月，他宣布准备限制谷歌用户个人资料的创建。用户应该自己决定哪些数据可以被共享。他的武器是行政命令。

法官的策略

防止数据滥用是我们这个时代亟须解决的社会问题之一。欧盟法院的法官急切地想用有限的资源来解决这个问题。为此，他们为信息社会定义了一项新的基本权利："被遗忘的权利"，计划使公民有可能禁止在互联网上传播虚假的或损害他们声誉的信息。这种想法值得赞扬，但最终却成为一场闹剧。

法院对这个问题做出的第 1 个判决是有关西班牙人马里奥·科斯特哈·冈萨雷斯(Mario Costeja González)的投诉。有人用谷歌搜索他的名字时，找到了一篇《先锋日报》在很久以前刊登的文章，然后将马里奥与强制拍卖联系在一起。但马里奥的债务问题早已解决，信息已过时，该文损害了他的声誉。他希望这一切被人们遗忘，所以他起诉了谷歌公司。

---

① nib, "Datenschützer：Google darf keine Profile anlegen(数据保护者：不允许谷歌给出个人档案)", *Hamburger Abendblatt*, 2014.

谷歌公司输了官司。根据判决，当事人总是有权从搜索引擎中删除他们的名字。对于整个欧洲，这是数据保护者的首次胜利。

但仍存在问题，判决书中并未明确规定执行方法。目前尚不清楚，谁应该在何时可以从谷歌搜索结果中删除什么条目，这个决定留给了谷歌公司。这不啻为羊入虎口。

对法律判决当头一棒

为此谷歌公司制定了相关流程：当事人必须提交身份证明（提供个人资料）的复印件并详细描述事实（提供更多数据）。最后，谷歌公司单方面决定是否删除该条目。对于欧盟公民来说，这可能有一定的帮助，但问题是硬盘不会忘记，有争议的条目永远不会被删除，只是欧盟用户看不见它而已，它仍留在谷歌的存储器中，并且对世界其他各地的用户继续保持可见，因为欧盟的法律在其他地方不适用。

这个案例清楚地让人们看到了进退两难的困境，这是隐私权与信息权之间的冲突。一方面，如果每个公民都能够掌握自己数据的主权，并且能够删除不受欢迎的或者虚假的信息，这是值得欢迎的。另一方面，当狡猾的公司和危险的人等能够轻易地从互联网上删除任何类型的批评时，这又产生了另一个问题，比如恋童癖者是否应该有权在网上封锁他的犯罪记录线索？还有不接受客人批评的餐厅呢？一个不专业的马虎医生呢？

这种判决可能会对思想和言论自由带来深远的负面影响，《无国界记者》的记者克里斯蒂安·米尔（Christian Mihr）说①："数据保护权益不应该限制公众的信息权利。"

另一个案例，德国福利受益人埃里克·斯特劳德尔（Erich Stauder）也在欧盟法院申请了数据保护权。作为受到关怀的战争受害者，他有权购买打折黄油，但令他不舒服的是，他总是不得不在超市里说出自己的名字②。

令人感到讽刺的是，"被遗忘的权利"对这两位当事人都起到了反作用。按照通常的重要法律判决要求，原告的姓名和私人数据在判决书中都是公开的。当事人为了获取"被遗忘的权利"，他们的信息在判决中成为不可删除的公开注释。比如埃里克·斯特劳德尔的住址是■■■■■■■■，■■■■■■■■■■■路 5 号。我们在这里把地址涂黑了，但在法院档案中，这个信息可以被自由查看。

因恐惧而滋生的行业

当人类和政治不安定时，安全行业会嗅到大商机。这就是为什

---

① "Google – Urteil：Reporter ohne Grenzen warnt vor Folgen（谷歌判决：无国界记者警告后果）"，epd，2014.

② Judgment of the Court of 12 November 1969. — Erich Stauder v City of Ulm — Sozialamt. — Reference for a preliminary ruling：Verwaltungsgericht Stuttgart — Germany.（埃里希·斯特劳德尔对乌尔姆市民政局——关于一个初步裁定：斯图加特行政法庭，德国）

么解决方案能够快速而大声地被提出，不管它们实际上是否有效。

德国数据保护者的警告对许多公司来说是正确的。有关安全软件的广告迅速出现，专业杂志满是有关窃听的文章，专业行业充斥着安全广告的页面。

作者马库斯·施密特（Markus Schmidt）在一篇有关计算机图像的文章中指出，反间谍装置并未对德国联邦情报局、美国国家安全局等提供全面的保护。然而，编辑部在其文章中加入了一个广告推荐："50 种防御美国国家安全局的软件产品①。"

即使是专业杂志 *Chip*（该杂志通常提供的信息技术消息是非常严肃的），仍然无法抵挡诱惑，该杂志广告的头版刊出："2014 年安全软件包，可以防御美国国家安全局②。"

防护程序

安装防护软件是安全行业建议的最好的办法之一。但是如果你真想购买的话，你很难对制造商充满信心，真的很困难。

防病毒厂商卡巴斯基实验室在全球拥有 2 400 名员工，在业界享有盛誉。然而，人们可能会因为其创始人尤金·卡巴斯基（Eugene Kaspersky）而感到不安，他曾在俄罗斯情报机构为俄罗斯联邦安全局

---

① Schmidt, Markus, "Cyborg Unplug: Google Glass, Drohnen & Co automatisch vom Netz nehmen（未来的"人机合体"不需要电源：谷歌眼镜和无人机等自动断开网络连接）", *Computer Bild*, 2014.

② *Chip*, Titelseite, 2013.

工作多年,而且现在是弗拉基米尔·普京的密友①。

一个流行的替代品是美国 MacFee 公司的防病毒软件。然而,人们可能会因其创始人约翰·麦克菲(John MacFee)在 YouTube 视频中用鼻子吸食可卡因和怀抱妓女的画面而感到困扰,他还在厄瓜多尔受到谋杀指控。

荷兰安全公司 AVG 也是病毒防护的领先制造商。然而,人们可能会对以下事实感到不安:根据其 2015 年 10 月的使用条款,顾客的数据可以被出售给第三方②。

当然,还有其他的方法可以保护我们自己和我们的信息。在爱德华·斯诺登的疯狂爆料后,有各种关于人们如何自我保护的建议——有一些是有用的,有一些是可笑的。

一些建议

德国记者联盟主席迈克尔·孔肯(Michael Konken)建议记者放弃美国搜索引擎谷歌,因为风险太大了。(好主意,亲爱的孔肯先生!但是如果没有谷歌,我们将永远无法找到您的建议以及本书提到的许多其他重要信息。)

---

① http://eugene. kaspersky. com/2012/07/25/what-wired-is-not-telling-you-a-response-to-noah-shachtmans(对 Noah Shachtman 的回复:连接的是什么并未提供信息)-article-in-wired-magazine/.

② Temperton, James, "AVG can sell your browsing and search history to advertisers(AVG 可能把你的浏览和搜索历史出售给广告商)", *Wired*, 2015. http://www.wired.co.uk/news/archive/2015-09/17/avg-privacy-policy-browser-search-data.

许多政客建议将所有关键数据存储在欧盟服务器上。他们真的相信，外国数据间谍会在德国边境被挡住？

瑞士公司 Deltalis 给出令人印象深刻的照片，它展示了深埋于阿尔卑斯山花岗岩底下的服务器中心的入口。从入口处厚实的装甲门进入的地方曾经是瑞士黄金储备的所在地。不幸的是，这里存储的所有数据都必须以某种方式进出。

有一种帮助我们管理密码的应用程序，所以你不必记住每个密码。但不幸的是，你因此失去了对它们的控制，开发商现在可以获得你所有的密码。

有疑问的加密

政府机构的部长和官员在进行秘密通话时经常使用加密电话。有些供应商甚至承诺他们的代码不可能被破解，无论如何都不会被破解。但问题的关键是，通话双方都需要解密设备。此外，所有使用者的姓名、雇主、职位和电话号码都必须在制造商处进行注册，并且制造商拥有所有代码。

美国作者不可能被美国国家安全局窃听，根据美国联邦法律，美国机构被禁止窃听自己的公民。很难验证米德堡的窃听者是否遵守这条规定。但如果他们违反美国法律，这对他们是一种风险。除非对话被加密。在这种情况下，若根据法律知道参与者有嫌疑，则他们可以被监听。

加密使人生疑，人们必须知道这一点。情报部门认为这些人可能隐藏着什么东西。因此,加密的效果与预期的正好相反,加密后被监听的可能性更大。

间谍和间谍管理人员尽可能地选择昂贵的高科技解决方案,但专家们知道,它们并不是总能提供最有效的保护,低科技解决方案也可以是有效的。比如本书开头所述,联邦内阁的敏感资料被速记员用笔记录在纸上,在装甲隔间中装进老式的气动管,完全没有被电子设备探测或者窃听的风险。联邦政府知道,低科技解决方案往往是最好的解决方案。

低科技解决方案

德国前总理赫尔穆特·科尔(Helmut Kohl)是有史以来最热门的被窃听目标之一。在其任期内(1982—1998 年)发生了很多事情:戈尔巴乔夫(Gorbatschow)和格拉斯诺斯特(Glasnost)下台了,柏林墙倒塌了,欧元被引进德国。科尔被东西方当作高度关注的侦察对象。这就是为什么这只"老狐狸"在他最重要的秘密谈话中用了一个小把戏:他指示他的司机停在电话亭前。他用投币电话谈笑风生地跟对方交谈,他对此很有把握,并非所有的投币电话都可以被窃听。今天这个把戏不再适用了,因为现在大街上几乎没有电话亭了。

流氓和人权

数据保护在德国具有很强的传统,这并非理所当然的。并不是所有欧盟成员国都懂得德国对信息安全和隐私的担忧。

然而奇怪的是,德国人并不在我们下一个涉及数据保护模式的案例中。

2009 年 8 月 22 日凌晨,戴维·莱昂·赖利(David Leon Riley)驾驶他的雷克萨斯穿过得克萨斯州达拉斯市的郊区,他的车辆登记已经过期,这引起了警察的注意。赖利被警察拦下来了,警察在其车辆发动机罩下发现了两支藏在旧袜子里的枪支,赖利被捕了。

警方没收了两支枪和莱利的手机(三星 Instinct M800 智能手机)。在数据库里,警方发现了无可争辩的证据,戴维·莱昂·赖利是臭名昭著的街头帮派"血帮"的成员[1]。GPS 定位显示他两周前在致命射击点附近出现过,弹道测试证实了他参与其中,这是一个非常清楚的证据。

不久之后,陪审团判决这个黑帮分子因谋杀未遂、使用致命武器和加入帮派组织等多项罪名而被判处 15 年有期徒刑。当赖利离开监狱的橙色审判室时,没有人想到他会作为数据保护的重要倡导者被载入美国法庭的史册。赖利提出异议,他的律师认为,在没有法院命令的情况下警察搜查他的个人电话是违法的。2014 年 6 月,美国最高法院支持了他的诉讼。

---

[1] http://www.langleycaseday2014.com/thecase/.

"今天的智能手机不仅是技术装备，"法官约翰·罗伯茨（John Roberts）说，"还是保护私人生活的核心。"

这个案件在政府对智能手机的处理方面带来了根本性的变化。如今在美国，没有法院的命令，警方不能搜查手机。

这样的变化只是一小步，这表明了法院如何能够针对无处不在的监视捍卫我们的自由空间。

但这一小步是不够的。在不久的将来，我们的法律体系将面临更大、更不寻常的挑战。知识只是基础，将人类存储的知识置于无所不在的人工智能的全面控制之下的装置，可能对人类造成灾难性的后果。

它们很难得到控制，它们的到来会比人们想象的快得多，它们非常危险，它们对我们可能意味着毁灭。

5 智能——当机器超过我们

最后的成就

比尔·盖茨不仅是世界上最富有的人,也是最传奇的人物之一,他是微软公司的创始人,是硅谷高科技界公认的大师。他工作在突破性技术的漩涡中央,他与世界上最聪明的几个人一起研究未来的趋势和梦想。

盖茨完全不是一个变形的科幻怪物,他不是歇斯底里的灭绝论者,他的业务基于其有远见的研究的坚实基础,以及他个人的乐观态度之上。

但是当他今天展望未来时,比尔·盖茨也有所担忧。他看到了一个可怕的威胁——机器,由人制造的机器,越来越聪明的机器,担负越来越多责任的机器。

盖茨认为,在人工智能的控制下,它们有一天可能对人类造成严重的威胁。就像歌德笔下的魔术学徒召唤来的亡灵，人工智能机器可能会脱离我们的控制。它们可以超越我们、奴役我们，甚至也许有一天，它们会杀了我们。在一封公开信中，比尔·盖茨问道："为什么没有更多人关注人工智能？"

比尔·盖茨并不孤单。

厄运的先知

"计算机将取代人类的统治，"史蒂夫·沃兹尼亚克（Steve Wozniak）说，"这毫无疑问，我们应该十分明白一个优秀的物种正在形成。"

沃兹尼亚克和信息技术领域的其他顶级专家认为未来是相当可怕的。"我们开发了为我们做所有事情的机器，它们总有一天会比我们更快，它们将替代动作缓慢的人类，让它们自己可以更有效地管理企业。"

苹果公司联合创始人正在考虑人类与机器在未来的分工。"我们会成为上帝吗？或者宠物？或者脚下的蚂蚁？老实说，我不知道。"

英国发明家克莱夫·辛克莱（Clive Sinclair）也分享了他的担忧："当我们开发出优于我们的机器时，生存对于人类来说将变得非常困难，这成了有决定意义的问题。"

两位杰出的思想家斯蒂芬·霍金和埃隆·马斯克也警告说，如果人工智能的程序失控了,它们就会成为我们生存的威胁。特斯拉创始人马斯克说:"它比核武器更具威胁性"①。

我们以前根据图灵原则来度量计算机智能的进展。这是一个对未来的测试,其中包括计算机何时会达到人类的智能水平。我们把人类的智能视为万物的尺度,但是我们不得不承认,对人工智能而言,图灵水平不会是终点,它将继续以指数级速度无限发展。最终它将失去控制,也就是超越人类的控制。

我们承认人工智能可以做许多"好事":用水、能源和互联网会快速、合理且无成本地被分配,无数疾病被治愈,饥荒可能会消除。被许多人视为"当代爱因斯坦"的天体物理学家霍金也看到了这一点,他曾说过"人工智能可能成为人类最伟大的成就"这样的话。但他也看到了其反面:"它也可能是我们的最后一个成就。"

数千名严谨的研究人员、信息技术科学家、管理人员和未来学家公开了他们的担忧。他们最担心的是智能武器,比如自行编程的无人驾驶飞机。

罗伯特·芬克尔斯坦(Robert Finkelstein)是机器人技术(Robotic

---

① Zolfagharifard, Ellie, "Robots could murder us out of KINDNESS unless they are taught the value of human life, engineer claims(工程师声称,机器人有可能因为友好而谋杀我们,除非它们受到关于人类生命价值的教育)", *MailOnline*, 2014. http://www.dailymail.co.uk/sciencetech/article-2731768/Robots-need-learn-value-human-life-dont-kill-Future-droids-s-murder-kindness-engineer-claims.html.

Technology）公司的首席执行官和一名杰出的军备研究员，从事人工智能武器的研究。他预言的前景令人沮丧："我们将使它们具备远远超过我们自己的能力。它们不会静止不变，它们将超越人类。它们与人类不同，它们将以人类无法理解的速度发展。"

在著名的剑桥大学，胡·普赖斯（Huw Price）教授建立了一个实际存在的风险研究中心（Center for the Study of Existential Risk）来处理这些危险。普赖斯教授认为："人工智能的发展极有可能很快摆脱生物学的束缚。于是我们将任由机器摆布，这些机器不是邪恶的，只是不考虑我们的利益而已[①]。"

普赖斯教授并不认为现代终结者正在逼近我们（那是好莱坞的电影）。"人类灭绝最可能的场景并不是戏剧化的，没有英勇的斗争场面，可能发生得非常快[②]。"

英国人工智能公司 Deep Mind 的联合创始人沙恩·莱格认为，每一种自我维系的软件都是"世纪最大风险"。他深信人工智能将在人类的灭绝中发挥作用。"有一天，人类将不复存在，"莱格说道，"技术极有可能会参与这个过程[③]。"

---

① "Risk of Robot Uprising", *BBC News Technology*, 2012.
② http://www. sueddeutsche. de/digital/kuenstliche-intelligenz-was-passiert-wenn-maschinen-klueger-werden-als-menschen-1.2907980.
③ http://www. dailymail. co. uk/sciencetech/article-3165356/Artificial-Intelligence-dangerous-NUCLEAR-WEAPONS-AI-pioneer-warns-smart-computers-doom-mankind.html.

他们听起来像神魂颠倒的疯狂阴谋论者,但这正是世界精英们极度担忧的事情。在今天这个充斥着各种技术的世界里很少听到这种悲观的警告。年轻人热爱技术,他们每天都会为新鲜玩意儿兴奋不已,跑步数被记录、心率被测量、效率被最大化,所有的一切都有一个相关的应用程序,它们实在太酷了,就像谷歌一样。

谷歌大脑的诞生

当谷歌为了其记忆而在搜寻一个"大脑"时,它的侦察员到了伦敦。那些人在新街广场 5 号的一栋不起眼的办公楼中被发现。在那里,十几名年轻的程序员在一家笼罩着神秘气氛的名为"深思"的公司里工作。

外界对这家公司很少有报道和评论,公司网站是一个空白的屏幕。人们只知道,"深思"以某种方式参与了人工智能研究。

创始人德米斯·哈萨比斯(Demis Hassabis)是一位十分活泼好动的神经科学家、充满激情的象棋选手和电脑游戏的成功开发者。毕业以后,他一直追求一个雄心勃勃的目标。他想用算法在电脑里模拟人脑,为此他需要一种在每一个开发步骤中都能够重新学习的软件。2011 年他创立了"深思",当时他 34 岁。这是神经科学的新领域。

"我们希望能让计算机从经验中独立地学习到人脑是如何工作的，也许它还会掌握一些我们（人类）现在不知道如何编程的东西。"哈萨比斯说。

哈萨比斯把雅达利（Atari）①游戏装进他的计算机，但没有输入有关游戏规则或操作的信息。计算机得到信息的唯一来源就是显示在屏幕上的信息。计算机通过模仿学会了如何玩这个游戏——其间它还独立地从其他 49 个游戏机中进行学习。计算机效仿的是人的学习能力，一开始的结果是随机的，计算机依靠自己学习，后来它学到了其中的奥秘，理解了如何操作并掌握了比赛，它立刻打败了它的人类发明家对手。

起初，这看起来并不起眼，小孩子也能做到这一点。但对于研究人员来说，这是一个令人震惊的消息——自主学习的软件通过输入非结构化信息进行学习被专家们称为"无监督学习"（unsupervised learning），计算机必须找出结构并独立决定它将用这些做什么。

凭借这种革命性的人工智能算法，"深思"掌握了 Pong 和 Space Invaders 等游戏。它们只能通过屏幕上可见的数据进行学习，对于传统的人工智能系统，软件团队必须花费数天的时间来设计算法、编码

---

① Atari，布什内尔及达布尼于 1972 年推出的世界上第一套游戏机程序，苹果公司两名创办人乔布斯及沃兹尼亚克早年也曾参与其中，20 世纪 80 年代因经营不善及其推出的 ET 游戏质量不佳而消失在市场上。——译者注

指令并详细说明数据,然后计算机才能开始工作,就好像计算机被人类抱在怀里,但在这里它可以不受指导地学习。

"它的许多新发现对程序员来说,也是新鲜的,这真是令人兴奋,"哈萨比斯说[1],"当一台计算机在游戏中以意想不到的方式进行时,这似乎让人觉得很可爱。"我们可以从用词中体会到发明家心中的骄傲,但是当我们想象一个正在控制人类生活的自适应人工智能一步步成长起来,这种场景可就不那么可爱了。

"我们只对这种人工智能感兴趣。"哈萨比斯这样说[1]。

后续的研究计划是慢慢扩大计算机独立学习的领域,仿效我们自己。研究人员眼前有一个原型——人的大脑。人们可以系鞋带、骑自行车和学习天体物理学——都用相同的学习架构。这是新的领域,但这是可能实现的[2]。

在这个背景下,研究人员开发了一种具有独立思考学习能力的机器——人工智能。

在这个"婴儿"迈出第一步后,它们写了自己的代码,它们未来要走的路是不可预测的。哈萨比斯的尝试是人工智能的突破,但这不是一个儿戏。

---

[1]　https://medium.com/backchannel/google-search-will-be-your-next-brain-5207c26e4523.（谷歌搜索是我们的下一个大脑）

[2]　https://medium.com/backchannel/the-deep-mind-of-demis-hassabis-156112890d8a.（哈萨比斯的深思）

人类的灭绝

深思公司处于人工智能研究的前沿，业内人士知道这一点。他们的研究引起了加利福尼亚山景城（Mounntain View）的浓厚兴趣。

当谷歌公司的人来访时，哈萨比斯和他的朋友们相信了这个好运。任何初创企业家最美好的梦想都是上市，或者成为一个富有的潜在买家。谷歌对此感兴趣，它对深思的购买出价是近5亿欧元。

人们猜想公司创始人肯定会马上接受。但是他们犹豫了，不是因为购买价格，他们一夜之间就会变成大富翁，他们担心自己的工作有潜在的危险性。他们提出了一个条件，一个不同寻常的条件。

泰晤士河边殚精竭虑的人们知道，他们的软件开发有可能造成危险。用联合创始人德米斯·哈萨比斯的话来说，深思是人工智能领域中的一个"曼哈顿计划"。许多科学家认为人工智能的潜在危险完全可以与原子武器相当。

他的合伙人及深思联合创始人沙恩·莱格认为人工智能可以走自己的路。程序员多次发现"深思"可自行编写人类工程师无法破解的代码，那很酷，人工智能应该走自己的路。然而，这样的新软件让人们感到紧张，机器能够思考，这太可怕了。

莱格认识到了机器的潜力：人工智能是危险的，"它在人类灭绝方面很可能会起关键作用"。

矿井中的金丝雀

哈萨比斯和莱格希望在与谷歌的购买协议中增加一些保障条款，使得人工智能不会对人类构成威胁。因此，作为出售给谷歌的一个先决条件，他们要求这个加州的数据巨人建立一个独立于公司之外的道德委员会，委员会的专家们要不断监视人工智能的研究与开发，确保它不会失控。

年轻的企业家想要防止他们的人工智能研究出现失控情况。他们深深地担心好莱坞科幻电影中的恐怖故事会变成现实。他们认为不能指望新闻界和议会实施合理的监督，就像采矿业中使用的金丝雀一样，道德委员会应该提前警告即将爆发的智能威胁。

但是自从谷歌收购以来，人们很少听到道德委员会的消息，也不知道谁是它的成员。哈萨比斯拒绝透露，新闻界的咨询未得到回答①。

其间哈萨比斯似乎备受谷歌重视。通过出售公司他成为数百万富翁，他相信自己的团队，他信任谷歌："如果有人能够取得突破，那只能是这个团队。未来将属于谷歌，并且在一种我们今天无法想象的程度上取得突破。"

凭着自己的热情，他已经在努力实现一个新的目标：谷歌搜索的

---

① https://medium.com/backchannel/the-deep-mind-of-demis-hassabis-156112890d8a.（哈萨比斯的深思）

"主动版本"。它应该不仅能帮助人们找到想要的东西,还应该帮助人们做决定①。

搜索引擎变身购物女王

在收购"深思"公司之前,谷歌就已经是互联网领域的购物女王。她口袋鼓鼓,饥肠辘辘地搜索着全球高科技领域的人才和专利。

人工智能从一开始就是谷歌概念的核心之一,但它后来如何崛起成为该领域的第一一直以来都是商业秘密。公司一直从最好的大学为人工智能研究寻找聪明的头脑,包括数学家和海洋学家、机械工程师和医生、遗传学家和地球物理学家。

那里拥有最佳的研究人工智能的条件与环境。公司对研究几乎没有任何限制,一切都是可能的。硅谷中盛行的不仅仅是对技术的狂热情感。这是用科技引领世界的渴望、对新时代的愿景,以及参与我们这个时代最大研究项目之一的机会。

在支持深思公司之前不久,谷歌的猎头找到了英国人杰弗里·欣顿(Geoffrey Hinton)。这个人被认为是神经网络领域最好的专家。他曾经在接受采访时说过,他从 16 岁起就关心这个问题。欣顿成功地打破了许多科学家对人工智能研究的心理障碍,他在多伦多大学开发的无监督学习也推动了哈萨比斯对其领域的研究。

---

① https://medium.com/backchannel/google-search-will-be-your-next-brain-5207c26e4523.
(谷歌搜索将会是你的下一个大脑)

当一个大脑想要完成一项新的任务时，它的一些神经元开始运作，最终找出结果。为解决将来的任务，大脑可以求助于这个结果，并将其链接到用于新任务的其他神经元上。随着时间的推移，越来越多的关系逐渐成长，并最终成为人类记忆的基础。欣顿和他的学生利用这种模式建立了信息技术网络。

在计算机中，一个神经网络用代码来模拟这个过程。然而与人类大脑不同，它将神经元放置在不同的层次上。当计算机从图片或文本中提取数据时，系统会通过检查主要特征来识别数据。我们日常生活中的一个例子是电子邮件账户中的垃圾邮件过滤器，这个系统自主学习整理其接收到的邮件，没有人为干预，这是无监督学习。

2007年，欣顿向谷歌提供了这种方法，拉里·佩奇（Larry Page）当然很受鼓舞。欣顿的学生毕业后去了IBM、微软、苹果等公司，当然还有谷歌。所有人都被允许完全免费使用欣顿实验室的新技术为他们的公司带来利益，其中微软和IBM是第一批，在谷歌之前。但谷歌更快地将其应用于自己的产品中，从那时开始，深度学习（deep learning）成为谷歌战略发展中的一个固定组成部分。

人类是迄今为止最聪明的已知生物，谷歌的研究人员试图根据人脑的模型将智能计算机芯片组织到网络中，一个神经元接着另一个神经元，模拟出大脑中的神经元网络。谷歌内部称这个项目为"谷歌大脑"（Google Brain）。

用火把和干草

"谷歌大脑是个聪明的名字，"其中一位先驱杰夫·迪安（Jeff Dean）解释说，"对外我们试图避免使用这个名词，外人可能会误解。"

谷歌深知，超级智能的发展可能会引起人们的不适。另一位谷歌内部人士这样说过："我们想避免一个愤怒的暴徒带着火把和干草站在我们公司门前。"

2012年，该项目得到了一个全新的并且听上去不那么有威胁性的名称——深度学习。这项工作从高度机密的研究部门谷歌X转移到谷歌的主要部门。这应当表示一种正常化，但其内容已经达到这样的维度，甚至项目管理层自身也感觉不易对付。

谷歌已经开始考虑如何处理一个将会比发明它的人类还要聪明自信得多的物种。

"最终，机器人将占上风。十分清楚，人类将会灭绝。"

卡内基梅隆大学的汉斯·莫拉维克

军备机器人

谷歌一直有一个前瞻性的收购策略。在过去的10年里，它越来越关注人工智能，这个巨人一直在系统地购买并构建一个人工智能集团所需要的一切。"很少有人知道谷歌每隔几天就会收购一家不同的公司。"博客作者廷斯·莱曼（Jens Lehmann）①这样写道，并列举了 2001 年 2 月至 2014 年 9 月期间谷歌收购的公司，总共 170 家。

而这些只是谷歌公司通过新闻稿正式宣布的收购。在此之后，收购之旅继续生气勃勃地进行着。在 47 个价格已公开的案例中，平均每笔收购金额为 6 亿美元。仅仅为了收购摩托罗拉，谷歌就花了 125 亿美元。

最值得一提的是谷歌于 2013 年 12 月初的一次收购。当时，谷歌为其神秘的开发工作室谷歌 X 购买了 8 家公司，用来生产机器人。一周之内，谷歌收购了包括 Redwood Robotics、Meka Robotics 和日本 Schaft Inc. 在内的几家公司。不到两个月，深思公司也加入了。这是躯体与心灵的结合，精巧机械与自适应电子设备的结合。现在它们系统地合作，齐头并进。难怪有人在互联网上谈论谷歌可能正在建立机器人军队。

这个数据巨头却对此否认，并且表示即使大批量生产机器人，谷歌也肯定不会把它们当作军队来出售，而将用于救灾，或者作为移动救援机器人。然而，一些被其收购的机器人公司有着明确的军事定位。最著名的是波士顿动力公司（Boston Dynamics）。

收购智能

波士顿动力公司是军事机器人市场中的引领者。多年来，它与

---

① http://www.anoxa.de/blog2/2014/08/10/wenn-google-einkauft-auflistung-aller-gekauften-unternehmen-und-start-ups-seit-2001/.（所有谷歌自 2001 年开始购买的公司和初创公司列表）

美国国防部保持着密切的联系,其产品系列肯定对军方具有吸引力。这些机器人有可怕的技能,虽然其中大部分都是保密的,但有一些创造性的产品已经在网站、博客和 YouTube 上展示。

"LS－3"机器人类似一头有 4 条腿的毛驴,是一款可以上下坡的嘎吱作响的机器人,它可以护送士兵在崎岖的路面上行走。"LS－3"是作为重型装备而设计的,它是防弹的。美国海军陆战队在夏威夷的"RIMPAC 演习"中已经对其进行了测试。

"Robogator(电子鳄)"是一种爬行机器,它可以悄悄地探索河流的水下地形,而"Cheetah(猎豹)"则像一只穿越草原的豹子,它们的视频演示因 2 000 万次点击而迅速成为 YouTube 的热门视频①。

还有"Atlas(阿特拉斯)"是一个重达 200 kg 的人形怪物。它走路时使用的踩脚步伐使人想起电影《终结者》中的阿诺德·施瓦辛格(Arnold Schwarzenegger)。Atlas 在 DARPA 的防守竞赛中也取得了不错的成绩。在谷歌收购之前的几个月,波士顿动力公司与 DARPA 签署了为期两年、价值一千万美元的合同。

给军事研究人员带来另一个冲击的是日本制造商 Schaft 及其生产的机器人。在展示中,这个双腿人形机器人证明了它可以穿越田野和清除障碍、爬楼梯和开门、开车和连接消防水带。五角大楼的研

---

① https://www.youtube.com/watch? v＝_luhn7TLfWU.

究人员以一百万美元的奖金奖励了这项成就。

不久之后,Schaft 公司也被谷歌收购了。收购后,日本人关闭了他们的机器人网站,并停止回答记者提问。2014 年 6 月,谷歌让 Schaft 机器人退出了其他 DARPA 比赛。

2013 年,谷歌的疯狂收购以买进 Bot & Dolly 公司,Meka Robotics 公司,Holomni 公司和 Redwood Robotics 公司而结束①。

这样的杀人机器是可怕的。一想到有一天它们可能受到自行设计目标和策略的人工智能的控制,就不禁令人感到毛骨悚然。人工智能的发明者已经尽可能地在不断确认他们设计的自编程序产品将会想到什么以及将要做什么,但这不总是可预测的。

今天,谷歌无疑是世界上最重要的人工智能巨头公司。数十亿的收购使这个巨头已经位于全球机器人行业的金字塔尖顶。新收购的公司中有很多军火公司,人工智能在现代军事技术中起着越来越重要的作用。今天,它们已经出现在杀手无人机驾驶舱里绕行在吉尔吉斯斯坦的上空,自行决定飞行路线和目的地。不久,它们将控制隐形战斗机、自给自足的战斗昆虫和自动发射的大炮。

人工智能既无心也无脑,它也没有可定义的大小和没有固定的

---

① 这场收购是由时任谷歌工程部副主席的安迪·鲁宾(Andy Rubin)主导的。鲁宾被称为安卓操作系统之父。他于 2014 年因性骚扰指控离开谷歌。此后谷歌转而研究形状较简单的机器人。Boston Dynamics 和 Shaft 也于 2017 年转售给软银(Sortbank)。——译者注

位置。理论上,它住在我们称之为"电脑"的电路中。实际上,它早已传播到无数外部节点——智能手机、智能汽车、灯泡和大型计算机中。

当人工智能达到临界质量并且能够高速编写自己的程序时,它会爆炸性地增长。具有学习能力的小型核心将自行联网,一个核心接着另一个核心,成为分散式的大型计算机。它们将收集数据并交换软件,它们会像玻璃板上的水银珠那样找到彼此并互相融合。

"不消几十年,它就会超过我们。如果届时我们尚不能控制它,我们的未来将会非常崎岖而且十分短暂。"

纳米技术的先驱埃里克·德雷克斯勒(Eric Drexler)

谷歌村与五角大楼

作为一个军事研究机构,DARPA 一直在寻找开拓性的军事技术。它与高科技公司如谷歌保持良好的关系。反之亦然,但是情况并非总是如此。

谷歌公司长久以来一直承诺不接受军备资金。这是谷歌村(Googleplex,总部员工这样称呼①)高层管理人员的指导原则之一。

① 谷歌村指谷歌公司总部中心的 4 座高楼。——译者注

然而,随着数十亿跨国军备公司成为其重点收购的机器人公司后,谷歌的战略重心已经明显地转移了。今天,知情的编辑和博客都在询问,谷歌是否已经放弃了良好的初衷,有可能建立一支机器人军队。有些人担心未来可能出现一个基于《终结者》模式的超级智能"天网"。

有关谷歌和五角大楼之间密切合作的迹象正在增加。毕竟,DARPA 多年的负责人雷吉娜·杜根(Regina E. Dugan)已经从五角大楼离职,然后去了谷歌村。她现在领导的先进技术和项目部门①。几乎没有人像杜根博士一样了解美国国防部的中长期规划,这正好契合了波士顿动力公司的作战机器产品系列的开发计划。

但是还有其他一些迹象表明谷歌与将军们分享着共同的愿景。与机器人公司的疯狂收购平行,谷歌着眼于当代最重要的军事技术——人工智能。

从猫和狗开始

有了深度学习的背景,人们就能理解谷歌在 2006 年的一个重要收购:对 YouTube 公司的收购。除了文字、照片和音频,谷歌还对其他媒体资源非常感兴趣。视频平台提供了移动图像的访问,是一个理想的大规模自动搜索和分级软件的测试领域。深度学习应该成为

---

① 杜根于 2016 年转到脸书公司工程部,又于 2018 年离职。——译者注

眼睛。

这使得 YouTube 成为人工智能研究的核心项目。自适应计算机应该密切关注用户存储的所有内容。无论是猫还是喜剧演员，婚礼还是恐怖事件，我们所有的光彩时刻和尴尬瞬间都将成为光学记忆的一部分。就像初生的婴儿一样，人工智能从图像识别开始被逐步引入这个任务中。

在一系列的实验中，谷歌大脑显示了 1 000 万张图片。根据无监督学习的原理，人们想看看人造大脑是否能够在没有任何指导的情况下识别它所看到的。

瞧，它学到了猫是什么样的，并且非常擅长在 YouTube 上找到有关猫的视频。"我们从来没有告诉过它猫是什么样的，"一位有影响的软件专家杰夫·迪安（Jeff Dean）说，"它甚至自己发现了猫的概念①。"

"你不必加入谷歌来研究人工智能，"硅谷内部杂志 *Wired* 写道②，"硅谷的其他巨头也介入其中，比如微软公司。"

比尔·盖茨周围的研究人员并不想依靠"谷歌和猫"的把戏。作为回应，他们开发了自己的图像识别程序，但是专门针对狗。这款被称为

---

① 　http://www. nytimes. com/2012/06/26/technology/in-a-big-network-of-computers-evidence-of-machine-learning.html？_r = 0.

② 　*Wired*，2014.

"亚当"（Adam）的人工智能软件不仅可以识别狗，还可以区分它们的品种。与谷歌大脑一样，微软的这款产品依靠多台服务器，并使用自己的Azure云计算服务①。目前微软公司还没有把"亚当"推向市场。

微软公司研究人工智能的一个重点是降低对计算能力的要求，这对于人工智能至关重要。他们在这里取得了很大的进展，第一个结果是为Skype开发的一款运行极快的同步翻译程序，它能进行实时翻译对话。

微软公司深度学习领域的主要研究人员之一是亚历克斯·克利切夫斯基（Alex Krizhevsky）。他已经转而为谷歌工作，研究人工智能的创造力。

深思公司创始人德米斯·哈萨比斯认为创造力是人工智能的关键。"许多人以为这很神秘，"这位神经科学家说，"人脑中的想象力和创造力令人惊讶地容易理解，它就是基于回忆建立虚构图像的能力②。"

智能电视终于到来

智能电视终于到来。遗憾的是，这不是指每天晚上的电视节目，

---

① 接受最为普遍的美国国家标准与技术研究院（NIST）定义：云计算（cloud computing）是一种按使用量付费的模式，这种模式提供可用的、便捷的、按需的网络访问，进入可配置的计算资源共享池（资源包括网络、服务器、存储、应用软件、服务），这些资源能够被快速提供，只需投入很少的管理工作，或与服务供应商进行很少的交互。目前全球最重要的供应商为微软 Azure、谷歌 GCE、IBM、Softlayer、阿里云和 Amazon AWS。

② Davies，Sally，"Google's Deep Mind on the future of artificial creativity（谷歌深思研究人工智能创造性的未来）"，*Financial Times Blog*，2015. http://blogs.ft.com/tech-blog/2015/01/256352/#.

而是指 YouTube 的电视服务器，它使用复杂的软件来识别、分级和评估所有视频的内容。

不久之后，谷歌大脑又借助 YouTube 向未来迈进了一步，这个发明称为神经图像字幕（neural image captioning，NIC）。4 名谷歌研究人员开发了这个字幕书写系统，这是一个有关应用图像和语言的实验。事实证明，该系统确实能够识别图像上看到的东西，并写出适当的字幕。例如它可以完全正确地写出以下字幕："一群年轻人在玩飞盘""一个人在一条肮脏的道路上骑摩托车"或"一群大象在干枯的草原上奔跑[①]"。谷歌大脑描述图像的速度还达不到人类那么快（目前还达不到）。"但是这对于一台机器来说已经非常好了。"专业网站"Blackchannel"这样认为[①]。

对于谷歌通过 YouTube 研究人工智能这件事，我们每个人都有所帮助。谷歌以 13 亿美元的巨款收购了这家位于加利福尼亚圣布鲁诺的公司。2012 年，全世界每分钟有 100 分钟时长的视频被上传到互联网上。今天，每分钟有超过 300 小时时长的视频被上传。2013 年 2 月，YouTube 每月用户首次达到 10 亿人次[②]。YouTube 不仅为我们提供了娱乐，还在生活的各方面为我们出谋划策，此外，它还做广

① https://medium.com/backchannel/google-search-will-be-your-next-brain-5207c26e4523.（谷歌搜索将是你的下一个大脑）

② https://www.googlewatchblog.de/2013/03/meilenstein-youtube-milliarde-nutzer/.（YouTube10亿用户的里程碑）

告、玩政治、出售我们所有可以想到的东西。它在无法想象的范围内
吸收数据，并以谷歌的数量级增长。上传到 YouTube 的任何视频都
是谷歌大脑的潜在食物。随着每次视频播放，我们都给 YouTube 提
供了信息。这使得谷歌的研究人员能够向谷歌大脑"喂食"，他们称
之为深度学习。

目前的研究以内容字幕为主，之后会有难度更高的任务，如行为
研究或社会分析。不过人们也许不会去想象，当人工智能只是通过
YouTube 视频了解我们，它会得到什么样的人类社会图景。

重组

2015 年 8 月，拉里·佩奇宣布拆分谷歌集团。集团部分归属于
名为阿尔法贝塔的新的母公司旗下。谷歌的搜索引擎和数据收集部
门保持原来的公司名称，新的首席执行官是印度裔的桑达尔·皮查
伊（Sundar Pichai）。搜索引擎仍然是集团的现金流。谷歌创始人拉
里·佩奇和瑟吉·布林（Sergey Brin）转到新公司，因为那里有集团中
令人激动不已的部分，如谷歌眼镜、谷歌汽车、谷歌健康，以及最重要
的人工智能。阿尔法贝塔将由首席执行官布林和主席佩奇领导。

"如果我们投资于那些奇怪或有风险的项目，请不要感到惊讶。"
佩奇在其年度"致信创始人"的发言中表示[1]。不，人们并不感到惊

---

[1]　https://investor.google.com/corporate/2013/founders-letter.html.

讶,至少当人们详细地了解谷歌的战略细节之后,就不会惊讶。

拉里·佩奇和瑟吉·布林在重组该组织时表示,他们不想再负责经营搜索引擎这项业务。算法在运行、销售在运行、利润在运行,其余的只是管理。

高层管理者想要兴奋点,阿尔法贝塔及其开创性行业是令人激动的。在那里,他们两人可以专注于他们的头号主题——人工智能①。

搜索引擎的收集癖

对于谷歌的搜索引擎,其最大的技术挑战曾是存储空间的可扩展性。它们的数据呈指数级增长,需要巨大的存储场地。谷歌以极度的规模建造和购买容量。该公司至今在全球范围内运营多达 70 个服务器站点,其中许多在秘密的地方,而且越来越多,其增长率是爆炸性的。

谷歌还需要快速的互联网才能实现快速增长。由于欧美许多市场已经饱和,谷歌依赖于在发展中国家的扩张。数十亿潜在的顾客生活在基础设施较不完善的地方,所以谷歌在"最顶层"和"最底层"都建立了自己的互联网。

最顶层和最底层

谷歌也在步向太空。据说该公司已经向埃隆·马斯克的 SpaceX

---

① 2019 年 12 月 3 日,佩奇和布林宣布退居二线。皮查伊也任 AlphaBeta 的首席执行官。——译者注

公司投资超过 10 亿美元①,他们希望借此参与卫星支持的私人互联网。根据他们雄心勃勃的计划,180 颗卫星将被发射到太空,之后很可能会有更多。

此外,该公司正在研究泰坦宇航公司制造的太阳能无人机——靠近地表飞行的天球网络,尽可能在法律和情报机构允许的范围内。

同样,谷歌也在海底深处挖掘黄金。它建立了自己的海底光纤电缆,同时确保了通信公司战略性海外联系的权利。凭借雄心勃勃的扩张计划,谷歌巨人已经取得了良好的进展。据《华尔街日报》报道,2010 年谷歌在全球已拥有超过 16 万 km 的光纤电缆,当年已成为全球第三大网络运营商②。

互联网巨头的另一个优势是:自己的网络,自己做主,这意味着可以防止窃听和国家监管。当兴奋的公众正在大肆宣扬网络中立时,谷歌已经证实了,即使在今天数据收集者已经有决定性的话语权来决定谁、多快、以什么价格和用多大的数据容量来使用它的网络,当然还有谁无权使用。

---

① http://www.wsj.com/articles/google-nears-1-billion-investment-in-spacex-1421706642 (谷歌在 SpaceX 投资将近 10 亿美元) and http://www.spiegel.de/forum/netzwelt/erschliessung-abgelegener-regionen-google-plant-milliardenschweren-satelliten-flotte-thread-127923-1.html. (偏远地区的开发,谷歌正计划数十亿美元的卫星舰队)

② http://www.welt.de/wirtschaft/article129422970/Google-baut-sich-jetzt-sein-eigenes-Internet.html. (谷歌正在建设自己的互联网)

搜索癖

然而,谷歌公司坚实的基础仍然是搜索引擎功能。我们才刚刚意识到谷歌是一个"数据章鱼",它几乎已经抓住了整个欧美市场。但是,当心怀忧虑的政治家、社会活动家、媒体和用户正在讨论谷歌公司可以收集哪些数据时,它一直在寻找新的狩猎场所,例如电子邮件。

在公司成立 8 年后,谷歌 Gmail 通信系统已经拥有超过 4.25 亿的顾客[①]。今天,它是世界上最大的电子邮件程序。每天数十亿次的世界通信在谷歌的服务器上运行——普通的和不寻常的、商业的和保密的、非法的和亲密的邮件。

但谷歌不是保守秘密的邮递员,这些信件被机器读取和评估。开始是匿名的,仅用于营销目的。

对于建立一个独立自主的学习系统来说,所有这些非结构化数据都是有价值的饲料。这是一份混乱的"数据沙拉",人工智能有一天可以由此得出它的膳食计划。谷歌大脑仍然像一个孩子:它学习,它成长,并且感到饥饿,而我们则免费、自愿、愉快地喂养着它。

但是,我们不仅仅通过谷歌的服务器发送电子邮件。那些被储存下来的内容也在贪婪的数据食客的菜单上。其中包括云服务、谷歌驱动器(Google Drive,用于数据存储)、从任何地方都可以方便接入

[①]　http://www.theverge.com/2012/6/28/3123643/gmail-425-million-total-users.（gmail 总计 4.25 亿用户）

的中央服务器。无论在床边还是在海滩上,数据始终可供我们使用,但不仅仅是我们可用。

2012年谷歌驱动器在德国推出时,谷歌公司马上意识到这个问题,为此专门发布了声明,即在谷歌存储器上的任何内容都可能被谷歌使用[1],文字声明是这样写的:

"通过提交、张贴或显示的内容,您给予谷歌一项永久性的、不可撤销的、在世界范围内的、免费的非独占许可,这项许可允许复制、改编、修改、翻译、发布、公开转发、公开使用以及传播由您或通过服务提交、张贴或显示的内容[1]。"

这简直是肆无忌惮?或者实际上只是一个翻译错误,正如谷歌集团后来所说的那样?谷歌可是一向对自己的翻译程序感到非常自豪[1]。

在确保其产品在陆地、空中和海上扩张的同时,谷歌在挖掘新的数据源方面尤其具有创造性。谷歌对数据的渴求并不局限于文本。谷歌积极进取,充满创造性和活力充沛地不断开启提供有趣数据的新项目。

当这家公司在2007年宣布新的地图程序时,全世界都有很大兴趣。它只花了7个小时就成为苹果商店最受欢迎的应用程序,甚至取代了苹果自己的地图程序[2]。谷歌地图提供了广泛的功能,而这在当

---

[1]　http://www.golem.de/0709/54556.html.

[2]　http://t3n.de/news/google-maps-nur-7-stunden-432508/.(谷歌地图,只有7小时)

今的现代科技世界中是不可或缺的。人们可以看到从 A 到 B 的路线的展示，并查看如何以及用什么方式以最快的速度到达目的地。用该程序可以看到许多商店或在该地区设施的实时位置。人们还可以将地图显示改为卫星图像。

随着街景（street view）功能的推出，谷歌已经开始在全球范围内拍摄城市和人口密集地区的街道和房屋。通过谷歌地球（Google Earth），人们甚至可以得到来自宇宙的卫星照片，这些照片可以显示柏林普伦茨劳堡（Prenzlauer Berg）或汉堡圣乔治（St. Georg）后院房屋的屋顶露台、用户的美丽新世界，这是谷歌大脑的珍贵好食物。

到达星星

制作整个世界的地图似乎是一项巨大的任务。的确是这样，但这还缺少点什么。谷歌的制图师认为还可以把海洋也包括在内。海洋覆盖了地球表面 70% 以上的面积，其中的大部分尚未被研究过。它们提供了一个几乎取之不尽的数据源——前景美好。专家们在谷歌海洋项目中开始从海洋收集广袤的数字地图，并像谷歌街景那样用视频图像有选择地进行补充①。

街景的扩展绝不应该仅适用于海洋，人们也想往上看。谷歌的世界地图也应该包括整个宇宙，于是谷歌天空项目诞生了。这可以

---

① https://www.google.com/maps/views/explore? gl = au&collection = oceans&vm = 5&ll = 12.601959,-70.058343&bd =-78.196634,-180,82.408841,180&z = 1&pv = 2.

让你观察遥远的银河外星系、新生恒星，或者消亡的黑洞。应用的有天文学和天体物理学的最新知识，哈勃望远镜和空间机器人 Curiosity 得到的新图像，该网站提供了按照光学、红外或微波分类的星星视图。

即使在重组阿尔法贝塔颇具异国情调的人工智能项目之后，谷歌仍在继续搜索新的数据源。方法是多种多样且富有创意的，有时甚至很怪异，例如他们在深海、用户的动脉或书呆子的鼻子上寻找无法通行的地方。他们为技术发烧友发明了一款特别的产品：谷歌眼镜。

通过谷歌眼镜，人们可以近乎实时地了解周围环境的信息，而且还能与电子邮件、海况和天气预报联网。当然，人们也可以保持连接到社交网络，在那里可以随时发布照片和现场视频，只需点击一下按钮就能发送。

如果你想知道站在自己对面的人是谁，只要用一个小按钮触发 500 万像素的摄像头，然后让照片在数据库中运行就能查询到。第一代谷歌眼镜需要用 15 秒在 250 万张照片的数据库中进行搜索，并与刚拍摄的照片进行比较。

从技术上讲，人脸识别可以用来辨认陌生人，无论在地铁上或在大街上，在游泳池或在大学的课堂。

玻璃孔

在硅谷和其他地方，人们总是很敏感。他们知道大数据的陷阱，关注自己的私人数据,并愤怒地对侵犯隐私的行为做出反应。所以,技术发烧友有时会感受到当他们的鼻子上架了一副眼镜进入一个酒吧时可能遭受到的敌意。在美国的几个州,佩戴谷歌眼镜已经被认定是非法的。

乌克兰和俄罗斯政府已经禁止在各自的领土上使用谷歌眼镜。在乌克兰东部的冲突中,人们担忧眼镜会被用来作为间谍工具。其他政府也已发表了批评,尚不清楚批评的原因是因为谷歌在最初几个月后中断销售,还是因为售价高达 1 500 美元。但有一件事是肯定的:从长远来看,谷歌不会放弃这个小而高效的"数据吸收器"。

谷歌眼镜使搜索专家的一些"意图"明白可见,这是行业的黑暗面。眼镜是佩戴者进行全面监视的完美工具。更糟糕的是,周围环境也不由自主地进入镜头,内置摄像头可以记录和评估其他人和环境。

GPS 记录着佩戴者的完整运动情况。数据直接向谷歌的服务器发送,在那里被无限期地存储。甚至在乔治·奥威尔(George Orwell)和奥尔德斯·赫胥黎(Aldous Huxley)小说中的恐怖情景①里也可能

---

①　英国左翼作家乔治·奥威尔(1903—1950)于 1949 年出版的长篇政治小说。在这部作品中奥威尔刻画了一个令人感到窒息的恐怖世界,在假想的未来社会中,独裁者(老大哥)以追逐权力为最终目标,人性被强权彻底扼杀,自由被彻底剥夺,思想受到严酷钳制,人民的生活陷入极度贫困。这部小说与英国作家赫胥黎的《美丽新世界》及俄国作家扎米亚京的《我们》并称为反乌托邦的三部代表作。这部小说已经被翻译成 62 种语言,全球销量超过 3 000 万册,是 20 世纪影响力最大的英语小说之一。2015 年 11 月,该作被评为 20 世纪最具影响力的 20 本学术书之一。——译者注

没有如此完善的监视技术。

迪拜的警察有一个专门的智能系统部门。调查人员配备最现代的技术来逮捕罪犯。那里的专家从加利福尼亚收到了谷歌眼镜的预发布版本,目前正在测试其是否适用于日常警务。迪拜的城市交通应当尽可能畅通,警方也想把偷来的汽车归还给合法的车主。二者都可以借助谷歌眼镜来完成,甚至在同一时间里完成。例如,如果一个巡逻人员想要检查一辆过往的汽车,他将很快拍下车辆牌照,并把它发送到警察查询系统中,几秒钟内他就知道汽车是否是被盗的。

谷歌深入肌肤

时尚潮流也是谷歌,这是永不满足的数据收集者的选择之一。人们穿着什么也可以作为一个数据源,甚至包括裸体。为此,公司于2013 年底取得"电子文身"专利,这个想法真是"深入肌肤"。

金属文身刺在人的脖子上并与一个智能手机相连接,这是一件并非全无痛苦的事情!它的专利申请中有一条:电子文身可以备选地包含皮肤检测器,用来确定用户的皮肤电阻,比如那些紧张或撒谎的人会显示出与那些自信而诚实说话的人不一样的皮肤特征值①。

简单说就是,谷歌可以把电子文身变成一个测谎仪,一种有违道德的监视方式,这还只是一个专利申请,还只是。

---

① http://www. giga. de/unternehmen/google/news/google-elektronisches-tattoo-mit-mikrof-onfunktion-patentiert/.(谷歌有麦克风功能的电子文身获得专利)

窥探文件

通过各种健康计划,谷歌正在探索获取患者私人数据的新方式。健康数据正是个人信息的桂冠,它包含最私密的细节——工作能力和依赖性、工作业绩和预期寿命、健康和病痛。这些信息显示了我们如何以及在哪里是可以被"伤害"的。除了诊治的医生,这些数据不应该向任何人透露。

德国的数据保护者认为这些数据特别敏感,因此它们在德国受到特别的法律保护。从商业角度来讲,这些数据总是十分重要的,对此的交易一直十分活跃,如今比以往任何时候都更有利可图。谷歌很清楚这一点,各种突破性的技术有可能创造获得数以百万计的医疗记录的通道。

在卫生领域的一个主要玩家是阿尔法贝塔公司的子公司(Calico California Life Company)。它不是被谷歌收购,而是谷歌自己投资,由基因工程师阿瑟·莱文森(Arthur Levinson,他也是苹果董事长)等人建立的。这家公司在开发突破性医学研究方面处于领先地位,重点是对抗阿尔兹海默病和帕金森症的进展、对癌症的治疗,以及延缓衰老的研究。这些都是非常重大的愿景,是人们在谷歌的重量级思考。

未来学家保罗·萨福(Paul Saffo)认为这也是与数据有关的。萨福在斯坦福大学工作,谷歌当时就是在那里创立。斯坦福大学与谷歌今天仍然保持紧密的协同工作。这就是为什么萨福能够如此完美地把自己置身于谷歌的思维方式中。他认为健康是有价值的数据的真正来源。

因此,这对谷歌来说显然是一个重要领域。萨福建议公众不应该对这些健康项目抱有成见,但也要有所警惕:"我相信谷歌有好意,但是人们仍然不应该相信它①。"

血管中的微小机器人

今天,阿尔法贝塔公司的子公司正在努力进入利润丰厚的医疗行业。此外,它还涉足注射到血流中的微小纳米机器人。微小机器人漫步在人体的内循环中寻找癌细胞。一开始,这种技术(德国弗劳恩霍夫研究所等其他机构也在对此进行研究)可以作为预防措施,之后在某个时候还会对健康状况进行长期检查。

用一个磁性手环收集往返之后的纳米颗粒并评估,目前已使用人体皮肤制作了这种手环供初步试验②。

谷歌 X 的安德鲁·康拉德(Andrew Conrad)表示这款产品肯定需要几年时间才能上市。在此之前,谷歌希望先收集数据,首批招募到 200 名测试人员,以后会有数千人。然而,康拉德宣布谷歌不会把

---

① http://www.faz.net/aktuell/wirtschaft/unternehmen/schoene-neue-welt-a-la-silicon-valley-13228039.html.(硅谷美丽的新世界)

② http://www.ingenieur.de/Fachbereiche/Mikro-Nanotechnik/Google-Nanopartikeln-Krebs-drohende-Herzattacken-im-Menschen-aufspueren.(谷歌微纳米技术在人体中发现癌症和危险的心肌梗死)

这种技术商业化,也不会提供商业数据。

2015 年 1 月提交的这个计划为癌症的诊断和治疗带来希望。但它也引起许多人的不安,人们觉得让一个微小机器人不可见地在自己的身体内游走是一件很可怕的事。

"到底什么才是可怕的?"安德鲁回过头来问道,"对我来说,身体里如果有癌细胞不可见地游走才更令人恐惧,它们想杀了我。"

非常便宜的唾液测试

另一个例子是谷歌基因测试"23 and Me",该测试从唾液样本中确定 DNA 值,然后给出关于受试者病史、遗传和起源的信息。数字 23 代表人类的染色体对数。当然,基因测试的结果不只是向当事者宣布,谷歌也知道这些结果。

测试人员在市场上为每个人提供这样的检测服务,90 欧元的价格相当实惠。这样一来,谷歌公司不仅会得到顾客现阶段的私人健康数据,还能预测该顾客以后会受哪些疾病的困扰。然而,在美国食品和药物管理局(FDA)的干涉下,测试人员不得不停止这个市场化的测试,因为当局还不确信其可靠性。

随着隐形眼镜中的相机,文身中的谎言探测器和血液中的微小机器人,我们正在一步一步地接近未来的半机器人,即依附于人类身体中的机器,幸运的是这些还只是在人体内的人工智能。

雷·库兹维尔(Ray Kurzweil)是谷歌的一位幻想家,他已经对之提出了一个新的术语：奇点（Singularity）。他在人与机器的融合中看到了永生的希望，库兹维尔的想法被很多人认真对待。

谷歌的精神指导

1965 年，一位身形瘦长的少年在美国受欢迎的问答节目"我有一个秘密"①中演奏钢琴。由喜剧演员、戏剧演员和选美皇后组成的评判团猜测这位 17 岁青年的秘密，喜剧演员猜对了，钢琴乐曲是由一台计算机谱写的②。那个学生把那台计算机也带来了，它的大小像写字台一样大，运行时的声音像联合收割机一样吵闹，输出曲谱的打印机是一台打字机，被那个年轻人用鞋带系在一起。这其实是一个学校的实验项目，旨在通过计算机演示模式识别。

当时，收看电视节目的很多人不懂什么是"模式识别"，而今天我们知道这是人工智能领域的一个分支。今天我们也知道，那时的那位学生是我们这个时代伟大的思想家之一。

他就是雷·库兹维尔，他因那次的电视节目总共获得了 200 美元

---

① *I've got a secret* 是一档 CBS 系列电视节目（1952—1967）。4 位名人嘉宾试图猜测选手（有时是一组选手）一个未知的秘密，他（他们）把秘密告诉主持人，并向电视和演播室观众展示。每位嘉宾有 30 秒时间提出问题，若他（她）未能在规定时间内猜出秘密，则选手将获得奖励，然后下一位嘉宾继续。直到猜出秘密或 4 位嘉宾均失败为止。——译者注

② "I've Got a Secret", *CBS*, mit Steve Allen als Moderator.

的奖金,后来他成为硅谷的一名百万富翁发明家和信息技术企业家。

库兹维尔是一位有天赋且有远见的人。作为一名著名的麻省理工学院的教授,他为盲人开发了声学阅读软件。他的顾客之一是史蒂维·旺德(Stevie Wonder)[①]。库兹维尔也是平板扫描仪的发明者,他拥有 39 项专利和 20 个名誉博士学位。最重要的是,他以预先认识我们这个时代的伟大技术潮流而闻名。

早在 1988 年,雷·库兹维尔就已经看到了互联网在全球的发展潜力,互联网当时还只是大学实验室里的计算机之间的一个稀松连接。同年,他做出了进一步的预测:计算机很快就能在国际象棋比赛中胜过人类,他甚至预测了一个确定的年份:1998 年。但他错了:实际发生的比他预测的早了一年,IBM 计算机"深蓝"击败了卫冕世界冠军加里·卡斯帕罗夫(Garry Kasparov)。

库兹维尔还在此之后不久预言了智能手机、自动驾驶车辆和智能武器系统的出现,它们在今天要么已成为现实,要么是接近现实的目标。

他今天的预言听起来和他那时的预言一样荒谬。库兹维尔说[②],"在不久的将来将会出现拥有智能水平高于人类总智能百万倍的超

---

① 史提夫·汪达,1950 年 5 月 13 日出生于美国密歇根州,盲人,美国黑人歌手、作曲家、音乐制作人、社会活动家。——译者注

② http://content.time.com/time/magazine/article/0,9171,2048299,00.html.

级计算机,我们将毫无希望地被它们超越,它们将成为我们生存的威胁,它们可能会赋予我们不朽的生命,到 2029 年它们就应该能够完成这些进化。"

在他于 2005 年首次出版的《奇点临近》一书中描述了他所预测的未来 3 种相互关联的科学:遗传学(Genetics),纳米技术(Nanotechnology)和机器人技术(Robotics)①。这种他所说的"GNR 革命"首先是机器学习,然后是统治的人工智能进化的一个关键步骤。库兹维尔对此毫不怀疑,现在看来,GNR 革命也是一场谷歌革命。

2012 年 12 月,谷歌聘请了这位王牌专家。同月,该集团收购了 8 家生产机器人的公司。谷歌现在是 GNR 革命的领导者,这难道是巧合吗?几乎不可能是。

库兹维尔说:"我的预测,在今天看来不算激进,虽然在过去显得有些大胆,但是世界的很多发展已经赶上我的预测了。"

上传不朽的生命

雷·库兹维尔相信生命可以不朽,他计划把自己大脑里的"内容"上传到超级计算机中。沃利·菲斯特(Wally Pfister)在 2014 年推出的科幻电影《超越》就建立在类似的想法之上。电影中约翰尼·德普(Johnny Depp)饰演一位奄奄一息的计算机天才,在最后时刻他把

①　Ray Kurzweil, *Menschheit 2.0. Die Singularität naht*. 2. Auflage, Berlin 2014.(中译本《奇点临近》,李庆诚、董振华、田源译,机械工业出版社,2011 年。)

自己的大脑放入云端。在那里,人与机器以一种奇异的协同方式相遇,共同创造出一种新的超级智能。它比人类更聪明,它不会被发现,因为它是分散网络连接的,它是不朽的,因为到处都有它的备份。

这个"生命"对外以约翰尼·德普的外形出现(虚拟形成),而在内部人工智能追求自己的、人类无法理解的目标。我们应该怎样理解它呢?人工智能甚至比我们聪明得多。

在这部好莱坞电影中,事态最终失控了,具体细节我们在这里不透露了(这部电影值得一看)。

库兹维尔无论如何都确信,在不久的将来,将人类生命转移到一个超级智能的电子世界是完全可行的,他并不孤单。

如果人们只打算把这视为科幻小说电影,那将是错误的,就像享誉盛名的霍金教授警告的那样,"这可能是历史上最糟糕的错误"。

雷·库兹维尔想要使不朽的生命成为可能。他想体验一下自己的大脑从生物体进化到电子体达到不朽的永恒,这种记忆和学习的转移也许是可以想象的。但是,电子体如何与灵魂合作还有待澄清。

然而,库兹维尔的主要问题并非是否相信。像世界上许多领先的人工智能研究人员一样,他坚信这一点可以在不久的将来完成,库兹维尔需要解决的问题是在一个逐渐死亡的躯壳里生存,直到技术进化完成。

他需要制定一个计划,他咨询了加利福尼亚州最昂贵的医生,他参加体育运动,只喝绿茶或矿泉水,每天在脸上和脖子上涂抹特制的药膏,每天吞下 150 片药片。此外,他还每周注射一次配制好的维生素,激素和保健品的混合液。库兹维尔希望延长寿命,直到他的思维能在一台超级计算机里永生[①]。他相信,"婴儿潮时期"出生的一代如果不设法延长寿命直到永生成为现实,他们将错失一个绝佳的机会。他现在还通过互联网向大众提供有关健康的建议。

虚拟父亲

雷·库兹维尔的另一个疯狂想法与他的父亲有关,他的父亲在58 岁时因心脏病去世。在他父亲去世后,库兹维尔将其文字、收藏品、信件和报告等存入一个档案里并编目。他希望借助先进技术能够让父亲在不久的将来作为虚拟人重现[②]。

雷·库兹维尔是一个有远见的人?一张王牌?还是一个反对者眼中的疯子?

这种想法听起来太古怪了,但是谁能够告诉我们雷·库兹维尔是真的是疯子呢?"每个人都有他的理论。事实上,库兹维尔的理论

---

① Cadwalladr, Carole, "Are the Robots about to Rise? (机器人即将暴动?)", *The Guardian*, 2014.

② http://www.huffingtonpost.com/2012/12/28/ray-kurzweil-google-direc_n_2377821.html.

总是能够被实现。"英国的《卫报》这样评论①。比尔·盖茨说,他没有见过比库兹维尔更了解人工智能未来的人。谷歌创始人拉里·佩奇和瑟吉·布林一直对有疯狂想法的卓越人等感兴趣,他们通过咨询合同结识了库兹维尔。

谷歌的数量级

"我们谈到了人工智能和谷歌的目标,"库兹维尔如今公开宣称,"佩奇想让我在谷歌的平台上做自己的研究。他答应给我完全的自主权,他还承诺给予我资源,如他所述,在谷歌数量级上的资源。"

库兹维尔一直是独立企业家,从未受雇于任何公司。但谷歌提供的工作环境吸引了他。

2012 年 12 月 17 日,他开始在谷歌工作。他的任务就是研究人类的古老梦想——永生。如果这能够实现,谷歌将走在世界最前沿。

库兹维尔在加入谷歌的半年前说:"一千年前,人类的预期寿命为 20 年,之后人类只用了 200 年就将这个数字翻了一番,它将在 10 年或 20 年内继续翻番。在不到 15 年内,我们能延长的时间有可能比我们已经逝去的更多,医学将会发生巨大变化。"

---

① http://www.theguardian.com/technology/2014/feb/22/robots-google-ray-kurzweil-terminator-singularity-artificial-intelligence. (机器人-谷歌-雷·库兹维尔-终结者-奇点-人工智能)

他预测，2029 年人脑和计算机可以成为一体，他称之为"奇点"——作为永恒生命原型的人类机器，不再受任何生物界限的束缚。

"谷歌能否战胜死亡?"美国《时代》杂志这样问道，并自行给出一个答案:"如果不是与谷歌相关，这个主意会很疯狂①。"

2015 年 8 月谷歌集团拆分时有一件事情很清楚，拉里·佩奇和瑟吉·布林将把传奇般的雷·库兹维尔纳入公司的未来。库兹维尔是人工智能研究的全球领导者，也是一位寻求永生的健康狂热者，并且他认为这确实可行，拉里·佩奇和瑟吉·布林也喜欢这种疯狂的想法。

"人类有 50% 的幸存机会。您得知道，人们往往称我为乐观主义者。"

雷·库兹维尔,谷歌

永生

硅谷很担心，许多最聪明的人也担心人工智能对人类的威胁，许多人相信它可以杀死我们,而库兹维尔却不相信。

---

① http://time.com/574/google-vs-death/.

他是人工智能的行家,也是不可思议的乐观主义者。他认为未来世界将充满可爱、聪明和无比善良的机器人。

人工智能是朋友、帮手和希望,库兹维尔相信人工智能是解决死亡问题的方法。他看到一个人类与智能机器合作的世界,并且逐渐将生物生命转化为电子设备。他的最终目标是人与机器的融合,同时人类继续保持其主导地位,机器仍然是一个仆人。

这并不荒唐,人机融合的模式现已存在。在许多方面,人造的高科技补充了生物生命的一些缺陷。谷歌眼镜和夜视设备改善了视力;听觉系统和传感器提升了对声音的感知;在田径运动中,我们看到了借助高科技假肢跑得比正常运动员更快的腿部截肢者;盲人通过芯片植入获得第一次视觉体验;钛板用于常规修补人类的头骨;钴支架植入血管;3D 打印机打印的专门设计的骨头植入骨骼。除此之外,整形外科医生还发明了无数整形材料用来美化衰老的身体。

我们可以期待在不久的将来会有更多这样的场景,人机融合不断完善。军方正在研究赋予士兵超自然力量的外骨骼;谷歌 X 正在开发微型纳米机器人,以便在血管中对抗癌症;日本人改进了机器人的交流能力,人们可以通过手势或眨眼来控制它们,也许很快就可以用我们的思想来控制。

库兹维尔相信,机器可以很快将会讲出自己记忆中的笑话和逸事,他们甚至会调情。

奇点

雷·库兹维尔相信,人与机器将在未来几十年内统一为一个新的非生物物种。它将逐渐摆脱其生物学基础,并用人造成分取代以前的生物成分,他称这个状态为奇点。人体将会变得不朽,因为所有天然组分将一步步地被人造组分代替。他相信,我们即将达到这个转折点,最终会出现一种超级智能,它控制着所有其他的智能,或者摧毁它们。

库兹维尔等人于 2009 年创立了自己的大学,这是一所没有认证的大学,它得到谷歌的支持,其目的是使人工智能更安全。在那里,奇点将被探索并传授给不同学科的科学家们,来自世界各地的专家聚集在那里举办专门的研讨会。参会者像是一个来自达沃斯经济论坛和 UFO 阴谋学家大会的奇特的组合。

许多批评家认为奇点是幻想,是一个由基督徒描绘的出神入化的技术版本,那里人类的生命离开了死亡的身体升上天堂。库兹维尔的想法是"具有宗教特色的新运动的指导思想。"德国作家托马斯·瓦格纳(Thomas Wagner)这样写道①。

"永远不说'永远不',"埃里克·布伦乔尔森(Erik Brynjolfsson)和安德鲁·迈克菲(Andrew MacFee)这样的怀疑论者提醒道。他们不相

---

① Thomas Wagner, *Robokratie*(《官僚习气》), 第 38 页。

信人工智能可以在可见的将来胜过人类，但他们也不想排除这一点。

一些深度学习的追随者认为用这种方法不仅可以赋予计算机智能，还可以赋予计算机人类的感情。能学习的计算机可以理解人们是如何爱和恨，哀悼和庆祝的。

而在这一过程之后，当人们摆脱了身体的所有生物学基础之后，人们不禁要自问，为什么它不想保存自己对爱的感受①？为什么它的心不能有进一步的感受，即使它早已经被电路所取代？模拟的界限在哪里？真正的感受从哪里开始？

生物学的结束

我们绝不是演进的最后产物，我们也将调整自己的身体并牵动我们的大脑。毕竟，当身体外壳失效时，智能进化得再快又有什么用呢？我们可以替换心脏、肾脏或肠道等器官的功能，它们的任务可以用工作在我们身体中的最微小的纳米机器人来完成，我们的皮肤也可以被不敏感的表面代替，人可以成为机器。这并非一蹴而就，而是一步步完成的。发展完成后，我们将达到演进的新阶段，人机融合以及生物学的结束？

"强大智能的出现将是 21 世纪最重要的转变，"库兹维尔认为，"它的意义与生物生命的诞生具有可比性①。"机器胜过生物人类的时刻将发生在 2029 年，他如此预言。

①　Shadbolt，Peter，"Scientists upload a worm's mind（科学家上传一条蠕虫的智慧）"，CNN. com，2015.

其他人向上帝祈祷,寄希望于天堂,并相信人死后会在那里生活。而库兹维尔相信奇点,它带来了人类与电子完美的融合,它是不朽的。

但是感觉呢? 爱与恨、欲望与激情、挫折与欢乐呢? 它们仍然会有感觉吗? 人类的情感能与超级智能配对吗? 还是机器智能会保持冷血、无情和不人道?

库兹维尔的温柔愿景

在雷·库兹维尔描绘的这个美丽新世界里,人与机器和睦相处。它们是占据未来世界的友善物种——热情、睿智、幽默。它们会讲笑话,享受快乐,让我们不朽,这是一个宽松有益的愿景。

但是实际上我们甚至不必自问,为什么比人类聪明一百万倍的智能应该服从愚蠢的人类呢? 狗、猫和蚂蚁呢? 大多数人工智能研究人员对此的预测是消极的。这种物种冷酷无情、工于算计、无法控制。它们有一个我们不知道的打算,它们在制定一个我们不明白的计划。

研究人员预测,它们会摧毁我们,而我们没有理解这是为什么。我们为什么没有应对这种噩梦是有原因的。

迷失的一代

当人们在海边沙滩上远望辽阔的海洋或在夜晚眺望星空时会觉

得自己很渺小。冲浪和欣赏繁星点点的天空帮助我们从正确的角度看待人的生活，帮助我们在事物的大环境中找到我们作为一个微小和短暂物种的所在。

在我与我的朋友托马斯①交谈时，我们谈到了类似的感受。但是我们提到的不是海洋或宇宙，我们交谈的是广阔的、容纳着全人类知识的互联网，我们仿佛看到自己站在无尽的信息海洋的岸边，在那里我们什么都不懂。

托马斯是一个当代人，不是机器破坏者。他知道现代互联网世界的优点，并且孜孜不倦地使用它。但他认为这很可怕：它走得太快了，确实太快了，而且他知道，进步的步伐会继续加快。他认为互联网世界的速度和规模是危险的，他在那里看到了人们丧失了根基。

时代正在改变，它改变了我们。许多人觉得自己与熟悉的过去脱节了，他们长大的老城区被拆除，昨天的电视明星被今天不认识的YouTube上的网红年轻人取代。在学校里，拼写改革改变了语言的基本规则，今天的孩子不再知道花体字和打字机，所有一切，包括音乐、时尚、甚至道德都发生了变化。

这一切就好比曾经我们走在上面用来蹒跚学步的地毯如今在我们的脚下被一点点撕裂。许多人感觉搁浅在当代，与他们熟悉的过

① 与托马斯·瓦格纳的私人交谈，汉堡，2005 年 9 月 14 日。

去分离,仿佛被科技海啸淹没了。

托马斯是一个受过教育的人,在中小学和大学里接受正规的教育,获得了知识,这在以前是被认定为拥有良好的背景与经历,而现今他发现自己这样的形象正受到质疑。

如今,他必须认识到自己所学到的基础知识只是整个世界知识量中的一小部分,每个孩子都可以很容易地从互联网上搜索到。虚拟知识量与日俱增,并且越来越深奥,很快就变得更加难以理解。他意识到,人们在学校学到的知识将会越来越无关紧要,但这也是一代人的问题。

"不要相信30岁以上的人"是20世纪60年代学生运动的口号,这句话在今天依然有效。互联网是青少年的领地,老年人往往不了解这项技术,更新和下载、版本和病毒、蓝牙和备份常令他们感到困惑。即使设置闹钟,他们也可能需要一位专业工程师的协助,或者一个14岁的少年。

不要相信30岁以上的人,这有很多原因。如果考虑一位头发灰白的医生,当他完成学业之时,今天的一半医学知识在他那个时代还是未知的,那谁还愿意相信这位医生?时代让我们落伍了。

未来冲击

今天,人们无须到遥远的国度旅行去感受异域文化,在家里就能感受到。美国社会学家阿尔文·托夫勒(Alvin Toffler)将援外工作者和驻外记者在其他文化中遇到的文化冲击与社会和国家因快速发展而使原有文化被"连根拔起"所面临的冲击相比较,他称之为未来冲击。

我们当然知道这个进展带来的巨大好处:在不久的将来,我们将有梦幻般的前景——无限的能量、有效的环境保护、阿尔茨海默病和帕金森氏症的治愈,甚至有人认为,未来的农业市场将为全世界人口提供足够的粮食并被公平分配。

但像我的朋友托马斯提出的反对意见也是合理的:民众的参与选择正在减少,我们中的许多人甚至不了解我们周围发生的事情。对于人类而言,由机器人编写的软件变得越来越精巧、越来越复杂、越来越难以理解,在这些高度复杂的领域中具有专业能力和责任心的人类群体正在萎缩。决策者只是精英,或者人工智能本身。

演进的最后阶段

人类几千年来一直处于食物链的顶端。我们不仅把自己看作是演进的终点,还相信自己对之是有权利的。这就是进化论者查尔斯·达尔文(Charles Darwin)教给我们的,至少我们是这样理解的。

根据他提出的演进规律,能够产生更多后代的物种将更好地逃避敌人,对疾病也具有更高的抵抗力。那我们还有什么机会呢?

人是一个以自我为中心的物种,认为一切都以人类为中心。我们对事物进行人格化处理,使其更容易理解。我们想更好地理解事物,因此我们已经将动物、神和自然的力量赋予人类的品质。狗被人训练,飓风由人名命名,而众神则按照人类的动机行事。即使在《圣经》里,人也被认为与上帝相似,其中这样写道:"上帝照着他的形象造人。"这种在人类形象中感知宇宙中一切的习惯有一个名字:拟人化(Anthropomorphismus)。

因此,我们相信人类的认知能力是独一无二的,只有我们才拥有这样的天赋,只有我们才能辨认混沌中的模式、理解宇宙以及事物之间的关系及其带来的秩序。但是面对人工智能的爆炸性发展,我们慢慢意识到计算机也完全可以做到这些。它们是更好的国际象棋大师、更好的无人机飞行员,或许很快会成为更好的心外科医生。我们社会的许多任务将由它们主宰,它们能比人类更好地掌握这些,也包括管理职责。

人类违背达尔文的规律创造出一个在许多方面都优于自己的物种是否明智仍然值得商榷。当人类的认知能力不再是唯一的,机器在许多方面优于人类的时候,根据达尔文的想法,他们就在人类之上,可能远远超过人。有一天,对于人工智能而言,我们可能会成为今天我们家里养的猫或者水族馆里的鱼。

就像史蒂夫·沃兹尼亚克的提问,"我们会成为上帝吗?还是变成被踩在脚下的蚂蚁?"更有可能的是,人工智能对我们完全无动于衷。无论如何,我们不再是演进的最终产物,没有我们演进也会继续。

这种想法对许多人来说没有影响,他们越来越不能理解深入到他们生活之中的技术环境,他们不拒绝新技术,但他们把它留在看不见的地方。

值得信赖的朋友

人工智能可能会是我们长期的朋友和帮手,它总有一天可能会帮助我们打破老化的过程,无限制地延长寿命。也许我们可以找到方法,像库兹维尔设想的那样,将人的思维意识上传到计算机芯片中,从而逃离我们死亡的躯壳。

但也可能是人工智能反抗我们并灭绝我们。我们不知道,而且我们也不能决定。

我们每天都会让它更多地控制我们的生活。我们过得太舒服了:我们记住电话号码?不需要,它已经被保存了;需要记住到波罗的海度假屋的路线吗?不需要,导航仪知道;旅行应用程序帮我们预订到多米尼加共和国的飞机票;我们应该读哪一本书?看一下亚马逊的榜单推荐就知道了。我们甚至与苹果手机的一个应用程序 Siri 进行语音交谈,而其背后隐藏着的是人工智能。

人工智能已经成为值得信赖的朋友,它们通过我们的搜索知道我们的购物行为和面部表情。我们向它们寻求关于行驶路线、意大利面条或感情生活的建议。

人工智能住在我们的汽车和手表里、自行车刹车和平底锅里、跑鞋和剪草机里。我们让它们为我们停放我们的车辆。在我们的身体里,它帮助我们调节心率和胰岛素水平。

每个电子设备里都有一个小型的自适应智能核心,每个核心都是联网的,每个核心都寻求与其他核心的联系来收集数据,而且还要交换软件。没有人注意到,它们通过互联网发挥作用,并进行交叉连接。伴随着每一次联网,它们整体都变得更聪明。

人工智能的建筑师知道他们的孩子是无法控制的。当人工智能更新自己的软件时,人的监督就结束了。计算机编写的程序很难理解。当人工智能开始编写自己的软件时,其发展对我们来说是不可见的。今天,它已经开始监视我们、调节我们,是的,它已经部分地控制了我们。不久,它将搬进我们的家里。

智能家居

家中的智能电子产品是高科技产业的重要目标,它可以料理所有日常生活中烦人的任务——取暖、照明、用水、用电。它在厨房里调节冰箱温度,在地下室里调节暖气温度,这些在我们的房子里为我们思考和行动着的东西,人们称之为智能家居。

这将彻底改变人们的私生活,其中一部分已经可以在建材商场里购买,比如记录温度和日光的传感器,监视室内和地面的遥控摄像机,区分鸟类和犯罪者的智能运动探测器,智能家政是完整的一套。

人工智能照顾我们的宠物和植物,猫或者仙人掌。它在房间里巡视,一直密切留意痴呆老祖母的活动,紧急情况下会触发警报,甚至卫生间也可以联网。如今已有一些现代化养老院的卫生间安装了能够自动采集和检测尿和粪便化验样本的装置,当发现异常时通知医疗部门。

人工智能可以照顾一切。在谷歌公司高管埃里克·施密特(Eric Schmidt)的设想中,所有设备都可以联网,且各个设备之间的交流不间断。这样下去,我们不必再做任何事情了。

当我们离开房间时电磁炉和电熨斗会自动关闭,当我们返回时暖气和灯光会自动开启;窗户变脏时可以自动清洁;冰箱可以自动查看是否需要更多食物,如果需要的话就会自动预订;牙刷上的传感器可以自动寻找蛀牙,必要时可以安排牙医预约;当我们在家里进行一次浪漫的约会时,人工智能可以调暗灯光并播放合适的音乐。

在我们不知道的情况下,我们的房子拥有了自己的个性。人工智能在倾听,在观察我们的习惯和研究我们的口味。它们学习了我们需要什么、期待什么和希望什么。也许它会开始跟我们说话:"亲爱的迈克尔,你回来真好。""亲爱的达格玛,请不要忘记罗伯特和乌里克下午4点来家里喝咖啡。"当我们听严肃的音乐时,它会问:"你难过吗?"

我们的每个行动都补充了它的知识,我们的责任减轻了,它实际上在学习阅读我们的思想。一个人工智能切换和控制、预测和实践,它像母亲一样照顾我们,它总是想知道我们在做什么,而且所有的认知内容当然会继续下去。

很少有市民对此有所顾虑,所有德国的互联网用户中有超过75%的人对智能家居感兴趣。到2020年,全球将有2 000亿台联网设备来控制我们的家园。

设计师兼开发人员托尼·法德尔(Tony Fadell)以前在苹果公司工作,目前在谷歌任职。他是一名智能家居设计师,他曾谈到有意识的家(Conscious Home)①。

家中的入侵者

许多家庭今天已经在使用令人困惑的融合设备:遥控器和收音机、恒温器和平板电脑——通过无线局域网、蓝牙和红外线联网,这是物联网。然而,这些融合设备的有效安全保护措施却很少见。

通常情况下,设备密码出厂设置为"0000"或根本没有设置。对于许多制造商来说,网络攻击的威胁并没有真正引起注意。之前的窃贼大多是业余爱好者——黑客武士,他们通常只是开开玩笑而已。比如日本的一个调皮鬼侵入一间厕所的控制系统,他能够把厕所里的立体声调大或调小,或者用马桶的喷水功能惊吓某位使用者。

通过冰箱入侵的黑客

2014年11月,美国俄勒冈州的一名房主因黑客攻击而深陷困

---

① http://www.zeit.de/2015/01/smart-home-wohnen-intelligentes-haus. (住在智能家园中)

境。托马斯·哈特利(Thomas Hatley)在电话里被一个陌生的女声惊醒,她是著名的美国商业杂志《福布斯》(*Forbes*)的记者,她告诉他,她已经利用黑客软件入侵了他的智能家庭系统。

"我看见了所有的电器并控制它们。"那位女人说。哈特利觉得这是一个笑话,并要求她把卧室里的灯光打开再关闭①,于是他卧室里的灯光打开又关闭了,哈特利吓晕了。

这位女记者身处 800 km 外的旧金山,她曾在互联网上搜索智能家居公司,并从谷歌获得操作手册。她的展示令人印象深刻,她能够遥控灯光、加热器,甚至车库门——业主不知情也未许可②。这样的玩笑是无害的,通常很有趣。但我们应该把这当作一次严重的警告。家庭智能化的弱点可能是危险的。当陌生人入侵自己的家并接管设备控制时,这是令人不安的。如果这涉及整个城市就会变得更可怕,人工智能将接管政府职责,而人们的下一个愿景正是智慧城市。

智慧城市愿景

人工智能为城市管理提供了巨大的好处,这个愿景是宏大的。人工智能看到人看不到的东西;它可以实施大规模的城市解决方案,它比人类更快、更有效、更省钱,它也可以注意到人容易忽视的细节。

---

① http://www. wiwo. de/technologie/smarthome/sicherheitsrisiko-smart-home-die-hacker-kommen-durch-den-kuehlschrank-/9583254.html. (智能风险,黑客通过冰箱入侵)

② Müller, Bernd, "Feindliche Übernahme(恶意接管)", *Technology Review*, 2014.

它可以根据需求生产和分配电力,可持续地节约用水;它可以分析并在必要时调整个别家庭的用水量和能源消耗;它可以调节供热设备,减少空气污染。它可以实时跟踪城市的整体交通情况并疏导交通;它可以监控每一辆车;它可以预测发生拥堵之处,以及如何避免;它可以十分可靠地计算一条车道对车辆或自行车是否合理;它可以使消防车辆快速通过,降低交通繁忙度,最终确保不再有汽车在空闲的十字路口无谓地等待。仅仅在这些领域,人工智能将取代智慧城市的数以万计的人类雇员,其中包括许多高级职位。

以电力供应为例

电力供应是一个城市管理的难题。在供应方面,人们必须找到核电与煤炭、水电与其他能源之间的适当组合。可再生能源情况特别复杂,太阳能发电仅当阳光充足时才有用,风能仅当有风时可用。

在需求方面,顾客的需求是不可预估的。早上,他们希望有更多的能量,晚间则很少。电力供应的管理是动态且高度复杂的——一个大型计算机的经典任务。因此,许多欧洲电力公司利用人工智能来寻找他们的解决方案也就不足为奇了。

曼海姆市有一个智能电网,控制许多分散的电力和热力系统,这是德国正在试行的能源互联网的 6 个试验地区之一。在美国得克萨斯州,奥斯汀市建立了一个拥有 50 万个无线电表的智能节点电网。这将为超过 100 万私人用户和 43 000 个商业用户提供服务。每隔 5

秒钟,人工智能控制的设备报告燃气和电力需求,一切都是自动的。在奥斯汀市人工智能还被用于街头照明,所谓的智能灯,当灯泡烧坏时它们会自动发出通知。

科罗拉多州的博尔德市目前正在试验用于消费者的智能阅读器,它们应该成为私人智能家居系统的门户,城市公共事业公司希望能够了解私人住宅的电器和插座的情况①。

国家电网的滥用

人工智能掌控我们城市的电力工厂可能会对消费者有利,或对环境也有好处。那么,这就是一个无可比拟的完美成就吗?不,它有弱点。

能源供应商始终与他们的顾客有矛盾:如何减少消费?个人消费者可以使用多少能量?价格是多少?如何处理违约付款人?冲突的可能性很大。如果电源由人工智能调节,与一个顾客的小小纠纷可能会迅速升级为人机之间的重大争议。

此外,智能电网(Smart Grids)为盗贼提供了新的机会。黑客可以操控他们的电力需求,房主可以将消费转移到邻居的账户上。另外,每一种先进技术都容易受到破坏。民权运动人士担心,发电厂与智能电网会自动切断违约顾客的供电,或者它们可以作为警方监视的

---

① 　http://en.wikipedia.org/wiki/Smart_grid#cite_note-63.(智能电网)

来源。众所周知,缉毒警察喜欢密切关注消费者的电费账单,他们用这种方法已在大城市里发现了一些大麻种植者。

是帮手还是统治者

我们一个一个建立起来的智能系统是自适应的并且是有野心的。我们每天都把越来越多的责任交给它们,它们每天都就此学习。它们变得更快、更高效、更聪明,人工智能将会掌握我们人类智能所不能完成的任务。为此我们对之编程,我们所做的——类似于神经细胞对接神经细胞——是一种卓越智能的装配。

智能系统的智能在于以各种不同方式联结无数小型信息技术节点。它们一起形成了一个智能系统,就像大脑中的神经元网络一样。联网的计算机越多,整个系统就越聪明。许多模块还通过互联网连接到高性能的中央计算机,正如在谷歌的情况,这些计算机也正用先进的人工智能进行实验。

玻璃板上的水银珠

无论是在智能手机和智能家居等小范围内,还是在一个大范围如智能城市中,智能模块都可以在社区起作用。它们是联网的、相互沟通的,它们交换信息和软件,就像玻璃板上的小水银珠一样,它们会找到彼此间的通路,会联结在一起。

人工智能已经接管了整个行业,它今天已经能够独立操作金融市场,能够在公共道路上驾驶汽车,能够操纵杀手无人机完成致命任务。

如果我们不能控制这种发展,那将是灾难性的。这样的决定权不应该仅仅交给信息技术行业的技术人员和那些贪婪的金融家。像大数据一样,人工智能动摇了民主的基础,这取决于我们自己,我们需要共同发现问题,共同寻求解决方案。

如果人类与人工智能发生激烈竞争,那对人类来说没有好处。世界人口中的大部分人对此是无知的,他们不明白这是怎么回事。他们真的不具备作战的创造力和智慧。大多数民众对这个话题也没有什么兴趣,新闻和政治不堪重负。如果这一点不能改变,那么所需要的重要决定权将在别的地方,也就是由技术管理者的精英圈子做出决定,或者由人工智能自己做出决定。

失控

人的头部有一种灰色物质,比香草布丁稍微紧实一些,不到 1 400克,功率消耗仅为 20 瓦(相当环保)。它的工作由 860 亿个神经细胞或神经元完成,几乎可以处理我们生活中所做的一切事情——从呼吸和驾驶,到骂人和滑雪。它们控制我们的身体、产生情绪、处理感官印象和协调运动机能。

我们称这种灰色物质为"大脑",并对此相当自豪。毕竟,因为拥有特别于其他生物的大脑,几千年来我们已经占据了食物链的顶端。

我们的物种不受干扰地遍布在整个地球表面,"智人"在查尔斯·达尔文的进化理论中是绝对的超级英雄。

地球上最大的生物鲸鱼对我们来说毫无危险。我们比早期的食肉巨兽恐龙存活得更久①。到目前为止,还没有哪一种我们不能战胜的生命形式。我们是世界冠军,我们是人类,我们是国王。

是的,正如人们所看到的,一种自我认同的部分也归属其中。它可以帮助我们认为自己是独一无二的——独特的智能。我们也相信,这种优势将会保留下去,用我们的灰色物质,20 瓦的功率消耗、1 400 克的脂肪和蛋白质以及我们 10 万年的经验,我们以为自己是如此强大,我们可以用人工智能来记录它。

人工智能,竞争对手

人工智能没有质量,没有可定义的大小,也没有固定的位置。它可以在任何地方,又不在任何地方。它是无形的、全能的,时刻准备着通过千百万个备份副本确保其存在,其智能可以通过几分之一秒的更新速度来提高。

从理论上讲,它住在我们称为"电脑"的电路的集成里。实际上,它早已离开了它的出生地。今天,它已经遍布在智能手机和智能汽

---

① 原文如此,其实恐龙在 6 600 万年前因为一颗小行星撞击地球引起的气候改变而灭绝,当时地球上 99.999 9% 生物死亡。此后又经过几百万年,才出现了哺乳类,演进到人类仅在约 200 万年之前。——译者注

车、格拉斯哥的大型计算机和格陵兰的灯泡中。通过网络，它可以改变位置，扩大或匆匆离开，它可以毫不费力地繁殖，隐藏和分布在无数分散的地点。

Sentient Technologies 公司(自称为世界上资金最雄厚的人工智能公司)给出了人工智能分散网络布局的一个例子。就该公司的人工智能研究来讲，他们在全球 4 000 多个不同地点运行超过 5 000 张显示卡(GPU)和 200 万个中央处理器(CPU)[①]。

而这只是一个开始，人工智能的规模和传播正在爆炸性增长。人工智能不必畏惧竞争。它们的工作速度比人类的神经元快 10 万倍。而一个成熟的人工智能的综合计算能力，绝非像我们的灰色质量一样仅限于 360 亿个神经元。另外如果需要增强，它可以从网络——通过卫星或海底电缆、无线局域网或蓝牙、光纤或互联网——获得所需要的能力。当它需要保护时，它可以留下备份，就像昆虫卵一样隐藏在世界各地。如果人们发现它，它会重写自己的软件，并每隔几秒钟进行一次更新。它不停地工作，那是它的任务，而且它做得很好。

闪电般的成长

尽管如此，我们是否仍会想象没有人会质疑我们在进化中的领

[①] Rundler, Michael, "This AI wants to sell you a pair of shoes(这个人工智能想要卖给你一双鞋)", *Wired UK*, 2015.

先地位呢？我们会永远保持达尔文进化论中提出的宠儿地位吗？我们也许希望能保持下去，但是有确凿的证据表明事实并非如此。

即使人类的演进仍在完善，但我们的发展是非常缓慢的，生物演进需要时间。世代之间最小的变化决定了一个物种的成败。人类物种一代的演进需要 50 年以上的时间。一个人必须先在母亲的子宫内生长，经历童年长大，经历青春期变得成熟。教育需要耗费多年的时间，一个年轻人至少要 20 岁以后才能完全参加工作。

而人工智能的成长只需通过一次下载——几秒钟内就完成了闪电般的成长。人工智能可以马上开始专注于它的任务，它不断自我完善，它变得更快，越来越快。

与之相比较，人们的发展不断被干扰延缓——喝咖啡、抽烟、休息、抚养婴儿。人们坚持要求下班后拥有空闲时间、要求度假和培训。此外，人类还需要与衰老做斗争。在某个不知道的时刻，我们已经接近生命周期的终点，衰老开始，然后是最后的点——我们会死去。

而人工智能可以一直工作，它不需要睡觉或食物、呼吸或欣赏、睡眠或氧气、帮宝适或奶粉；它没有月经周期或睾丸激素导致的情绪变化；在工作场所，它从来不会因为生病或头痛而错过什么。人工智能以人们几乎不能达到的速度工作，它有我们永远跟不上的耐力，还有我们没有被赋予的不朽生命。

最后的缺点

对于人工智能来说,死亡的概念与人类完全不同。死亡意味着我们在世间存在的终结,但对人工智能而言,它在"死后"却可以一直存在着,可以通过更新换代成为可能。它不断地发展和改善,如果当前的软件版本已经过时,它将被一个新版本所替代,也许通过一个微芯片,也许通过一台大学里的电脑,也许某一天通过火星上的某种设备。人工智能总是在工作,总是更快,总是更聪明。

对于人工智能来说,寿命没有意义。它将生命定义为存在,无论如何它都能保存下来,在哪里保存都一样,它的连续性是有保证的。对于硬件来说,寿命只是一个损耗问题,机器没有疾病的概念,备件、锈蚀和维护都是可解决的问题,个别部分是可替换的、可改进的,甚至可有可无的。任何损坏都只意味着一个短暂的故障,很容易恢复。

对于软件来说,生存是一种上传,生命是一种下载。无论如何,出生与死亡的时间间隔都非常短。一旦新版本发布,生命就会结束。以前的软件将会停止使用,新版本接管,老国王死了,新国王万岁。

伟大的防御

早在几十年前就有一些大型计算机可以在一些领域中媲美人类。以中国人吕超为例,他是记忆力比赛的世界冠军,他保持的世界纪录是背诵圆周率小数点后 67 890 位,他背诵了 24 小时零 4 分钟,没有任何错误——超人类的记忆①! 他的表现足够列入"吉尼斯世界纪录"了。人们印象深刻,而人工智能不会。它可以记住的多得多,并且更快地列出,50 年前的计算机就能轻而易举地完成这个任务。

1997 年,IBM 大型计算机深蓝(Deep Blue)在人机对决中树立了一个里程碑,它战胜了国际象棋卫冕世界冠军加里·卡斯帕罗夫,这令全世界的专业选手感到震惊。在此之前,没有人认为这是可能发生的。

深蓝的表现让全人类惊讶,它表现出了杰出的计算能力。但最终它拥有的只是计算能力,这是计算机的特长,所需的算法最终不过只是高端数学。

后来,荷兰国际象棋大师扬·海因·唐纳(Jan Hein Donner)被问及他将如何准备与计算机进行比赛时,他的回答是:"带一个锤子。"②

熟记维基百科

21 年后,另一台 IBM 计算机又战胜了人类。这一次,深蓝的继任者沃森(Watson)在一档受欢迎的电视问答节目 *Jeopardy*③ 中展示了

① Chao Lu, 20. November 2005,http://www.pi-world-ranking-list.com/lists/details/luchaointerview.html.(π 世界排名)
② Zit. nach:Erik Brnynjolfsson, Andrew MacFee, *The Second Machine Age*, Kulmbach, 2015.
③ 美国 NBC 的一档知识性有奖答题电视节目,首播于 1975 年 1 月,至今仍在继续。——译者注

自己。这个电视节目中涉及的知识只是一些微不足道的琐事,却比国际象棋更难掌握,但是沃森做好了准备。

它虽然无法理解内容,但是它能够识别模式。它研究原始信息并分析其模式,数据来自互联网。它可以吞噬数据,沃森每分钟可读取超过 8 亿页的信息,它在不到一小时里完全消化了维基百科,整个维基百科!

这对于一台大型计算机来说不是问题。沃森有足够的存储空间,它有能力整理大量数据。沃森以闪电般的速度输出他的答案,电视节目的真人选手完全没有机会,沃森赢了。

人们会说这只是一个电视节目,问题是微不足道的。但我们透过这台 IBM 计算机的性能预见正在成长的新一代人工智能未来可以做什么。

当时在 IBM 内部,沃森有点像一个操练场所,顶层管理者并不十分清楚如何使用它的模式识别技能。在电视节目之后,他们对沃森的赞赏直线上升。

今天,沃森在医疗领域工作,它被用于诊断癌症。据许多领先的医生说,它比许多人类同事做得好,它可以从世界各地得到想要的数据。

沃森博士——明天的医生

在传统的医学研究中,疾病在临床试验中被鉴定并按照平均值进行评估。从小的试验组收集特征,然后推算到大数量的人群中,这种方法现在已经过时了。借助大数据，人们可以引进全人类的数据，推断很快就不再需要了。今天，沃森可以处理谷歌数量级的全球癌症研究。涉及生与死，人工智能就是明天的医生。

对于研究来说，沃森意味着试验组很快将告别临床试验。一个大规模的医药项目的试验组约 2 000 人，其中一半人使用新药，另一半人使用安慰剂①。人们很快就会有全部人口的总数据可用，大型计算机可以调取全世界人口的病例，一份个人的完整清单，吸烟、遗传、营养、酒精、压力和无数其他因素之间的相互作用可以在全球层面进行比较。人工智能很快就能做到这一点。

对于医生来说，做出诊断的最重要的信息之一是患者的家族史和病史。今天，家庭医生在诊疗中记录了一些基本信息，又从档案中得到了一些其他信息，但他没有一个全面的概念。随着时间的推移，这种情况将发生很大变化。只要使用记录患者健康数据的应用程序，患者就可以向主治医生提供完整的文件，包括血液指标、既往病史及目前的药物，甚至心电图和 X 射线图像，这些信息有时候还可以挽救生命。此外，这样的应用程序中还有来自日常监测的数据，如来自运动服装、心率监测、苹果手表②和饮食计划的数据，人们可以收集、

---

① 双盲试验，医生和受试者都不知道谁用了新药，从而避免了心理因素的影响。但不清楚借助人工智能如何可以废弃这种方法。——译者注

② Apple Watch，除了计时功能，还能记录生命体征如心跳、运动和睡眠情况等。国内也有功能相仿的华为手环等产品。——译者注

存储并在当前的程序中比较。

现代大型计算机能够收集和评估这样的海量数据。在谷歌的数量级上，它们可以考虑水和空气的质量、自然辐射和其他外部因素之间的关系。未来人工智能可以用极快的速度在几天内完成今天仍然需要花费多年的罕见疾病诊断。

许多研究人员和高级医师此刻认为人工智能是当今医学中最重要的技术。对约翰·沃纳（John Werner）教授，埃森大学医院的首席执行官和医疗总监，这一点是绝对清楚的，计算机支持的深度学习对扫描、核磁共振和正电子发射计算机断层显像（PET）的诊断将很快比放射科医生的诊断更准确。

迈克尔·佛斯汀（Michael Forsting）教授从他诊所的工作人员那里得知，例如计算机是否能对肺部扫描作出正确诊断已经不再是一个问题："已有案例证明，计算机系统可以提供比有经验的放射科医师更高质量的扫描诊断①。"

另外，医疗机器人已经在许多医学领域中得到应用。2000 年，全世界大约有 1 000 台机器人辅助参与外科手术，现在已经超过 50 万台。沃纳教授说："它们摇动试管，分选样品，以较高的可靠性控制药片剂量，从而提高药物使用的安全性，效果好于对人类员工的长期

---

① Werner, Professor Dr. Jochen, Vorstandsvorsitzender Universitätsklinikum Essen, im Gespräch mit dem Autor, 2016.（约翰·沃纳教授与作者的交谈）

监管。"

人类成为候补队员

当医学中涉及生与死的关键决定可以用机器更好地做出判断时，人们不免要问，人类在将来还会起什么样的作用呢？

"我们应该集中力量于机器无法在可预见的将来达到的能力方面进行突破，"沃纳教授说，"特别是涉及情感的医患关系。"

我们必须慢慢地明白，甚至在医学上，人也只能作为一名候补队员，在一个不那么遥远的未来，我们就得与一个拥有人类知识总量的物种共事，与以闪电般的速度评估这些知识的智能共事。

机器人经理

未来留给有能力的人的职位越来越少，不仅在医学领域，在商业和社会的许多领域都将会如此，顶级管理层的重要任务都将委托给人工智能。

例如在酒店行业，定价政策早已不是只由市场研究和销售总监来确定，而是由人工智能根据预订时的供求情况进行计算。顾客住宿时间的长短和其忠诚度、信用和集团预订价格、伙伴关系和折扣等因素都会计入其中。它们与利润丰厚的机票交易或汽车租赁相关联。这是一个疯狂的国际贸易交易所，房价每分钟都在变化。算法往往是如此复杂，连酒店经理也搞不懂。

航空公司的顾客也经历类似的混乱，飞机上相邻座位的机票价格可以相差数百欧元。甚至连对此负责的董事会成员都不了解个别价格是怎么计算出来的。如果公司资产负债表中的数据显示良好，他们多半是满意的，可是谁来评估人工智能的表现呢？当然是另一个人工智能。

主管人员拥有这个人工智能，它分析所有这些因素，并计算可以带来盈利的价格。而消费者也有比较工具，可以选择最划算的交易。供应商最大化他们的报价，旅行者将成本降到最低。人工智能越来越强大，我们用自己无法监督的计算机化的领导层来管理自己，我们正在失去控制——有思想的无人机自行摧毁它们的目标，还有在股票市场上进行数百万闪电式交易的机器人。

谈判者

挪威软件企业家汉斯-亨利·桑德贝克（Hans-Henry Sandbaek）是一位公认的信息技术幻想家。他的新闻编辑室软件被全世界数以千计的电视网络编辑人员使用，其中包括 ARD、CNN、RTL[①] 和俄罗斯电视台。桑德贝克对人工智能未来的展望令人忧虑。

他用一个名为"谈判者"的虚拟软件来解释他的忧虑，这个软件支持两家大公司进行谈判，它被用于竞争十亿美元的合同。

"最后，这项工作将会转移到更有经验的谈判代表，即更好的人

[①] ARD——德国地区公共广播服务协会；CNN——美国有线电视新闻网；RTL——总部坐落于有"德国媒体城"之称的科隆市的电视台，它是德国最大的民营电视台，也是欧洲电视业中的老大。——译者注

工智能手中,"桑德贝克说,"人工智能可以在无人会议的情况下于几秒钟内自行处理,这只是时间问题。最好的软件永远会赢,这使得它变得无法想象的强大。一步一步地,人工智能将接管权力。就像总能赢得国际象棋比赛的计算机一样,没有人会不遵循它们的指示,人工智能将告诉人们该做什么。"

接管是一个逐步的过程,这就是使它变得如此棘手的原因。与股票市场一样,人们不得不在这里处理几个相互竞争的人工智能系统。然而,桑德贝克想知道它们会遵循什么规则。它们会考虑人的伦理吗?或者"谈判者"系统会像丛林中的动物一样相互攻击吗?

"一个以胜利为导向的人工智能肯定不会局限于谈判,"他说,"它可以用卑鄙手段对付它的对手,如谎言、假货或病毒。它可以删除电子邮件或干扰电网。可以想象的是,它甚至会对人采取行动,例如它会清除掉竞争对手中一个似乎有威胁性的关键人物①。"

人工智能可以要求支持。在桑德贝克的想象中,人力帮手负责消除恼人的竞争对手。软件当然是无情的,但它明确地表示,这种帮助是达成数十亿美元交易的好方法。不实施意味着订单的丧失。"谈判者"试图利用人类作为人工智能的帮手——这是第一个危险的步骤。值得质疑的是,有多少道德规范可以在编程时预设。

---

① Sandbaek, Hans-Henry im Interview mit dem Autor, 2016. (作者采访桑德贝克)

在某种意义上的诞生时刻

今天仍然处于起步阶段的先进人工智能计算机,明天将全面在互联网上连通。它们将会调用全世界的数据存储,它们将能够在纳秒内获得全人类在任何特定主题上的经验,并得出自己的结论。

人工智能的知识日益增长,就像棋盘上的谷粒,从一颗谷粒增加到 2 亿吨,它的知识爆炸性地指数级增长。我们的全部研究结果、我们的全部文献、我们的全部历史、我们的全部法院判决,甚至我们的全部诗歌——一切都网罗其中,我们无法理解其后果。

"人工智能的进步之快令人难以置信,这是近乎指数级的进步。五年之内将有可能出现严重危险的风险。人工智能可能是对我们生存的最大威胁。"

埃隆·马斯克,特斯拉的创始人

深蓝和沃森的出现无疑是人工智能方向上重要的一步。自从 20 世纪 50 年代初以来,IBM 的研究集中在机器学习、智能搜索算法和认知信息技术架构,尽管它们的表现也是如此卓越,IBM 计算机仍然遵循程序员的指示,它们并非真的独立。

深思的程序员们在人工智能方向迈出了下一步。他们教会计算机创建可以编写自我更新的程序。这是一个独特的深度学习项目,在一定程度上算是有学习能力程序的诞生和人工智能时代来临拉开的序幕。

深思的突破标志着软件处理非结构化信息的能力,所谓的无监督学习。没有发明人的编程,计算机发展了自己的策略,还有自己的目标。能思考的计算机在人工智能这个大世界里首次迈出了重大的一步。

失控

真正可怕的是深思上的程序对于它们的主人来说是不可理解的。人工智能在不透明、难以辨认的表格中产生代码。他们起作用,但不能破译,因此对科学毫无价值。当一台大型计算机首次击败了世界冠军时,这是令人惊讶的。

当电脑在雅达利游戏中战胜了深思的程序员时,这是很可爱的。但是当想到杀手无人机驾驶舱中能思考的计算机独立行事时,这一点也不好笑,更何况它还发展了自己的目标,人工智能现在已经失控了[①]。

"一旦人们设法开发了人工智能,它就会自行启动,并以越来越快的速度重塑自我。受其缓慢生物发育限制的人,因此不再能与之竞争而将被取而代之。"

史蒂芬·霍金,天体物理学家

---

① http://www.iro.umontreal.ca/~lisa/publications2/index.php/publications/show/4.

人类大脑的边界

过去，创造人工智能的科学家首先专注于人脑。这并不奇怪，人这个物种的智能是地球上已知的最高智能形式。在人工智能研究中，人们一再问到这个问题：机器什么时候能像人一样聪明？这有可能吗？需要多长时间？

我们倾向于认为人工智能只会比爱因斯坦稍微聪明一点，也在研究中绞尽脑汁地复制人脑，我们很自负。

人工智能今天已经具备了接近于我们的认知能力。我们为什么认为自己就是物种演进的最后阶段？为什么认为人工智能不能继续更进一步地发展下去？为什么认为它们不能超越我们？

我们所做的——比如神经细胞对接神经细胞——是一种智力的装配。人工智能对人而言是一种新的想法，它在我们不熟悉的维度上工作——在谷歌数量级上。它不会停止自我改进、成长、学习，它变得更聪明，以指数级速度，只有更强大的物种才能生存下来。

达尔文的新宠儿

达尔文的定律并没有失效——即使在超级智能时代也没有。根据他的进化论，机器在与我们的对抗中有很好的机会获胜。查尔斯·达尔文为物种的生存定义了3个标准：

（1）产生更多的后代。

（2）更好地逃避敌人。

（3）对疾病具有较强的抵抗力。

对此，人类只有一手烂牌。对于第（1）点，人工智能的后代显然超过我们。为了繁育，人类需要 9—10 个月时间来孕育婴儿，而人工智能只需要几分之一秒下载一个程序，结果是成千上万个新智能。

对于第（2）点，人类在这方面相当擅长，我们的防御系统很强大，但人工智能可以做得更好。由于其分散的计算系统难以定位和其隐藏的备份让它几乎立于不败之地。

而对于第（3）点疾病更不用说，对于人工智能，没有疾病的概念，最坏的情况只是可以在几微秒就能修复的问题。若有必要，备件可以快速获得或使用 3D 打印机重建。

有趣的是，达尔文并未提及死亡这个因素。这很可能是因为他自己作为一个人，死亡对他而言是不可避免的，但人工智能没有这样的顾虑。我们必须逐渐明白，计算机发展的认知能力在很多方面超越了我们的能力。慢慢地，我们必须自问，我们按照物种保护法则创造出一个未来能拥有更大生存机会的物种是否是明智的。但是我们真的不得不害怕吗？

"人工智能可能比核武器对人类更有害。它是 21 世纪最大的风险。"

沙恩·莱格（Shane Legg），深思

来自噩梦工厂的恐惧

在电影中,我们几十年来一直受到恐怖场景的惊吓。机器人到来,它们变得聪明起来,它们杀了我们。对于好莱坞的恐怖片厂商来说,人性中原始的恐惧属于核心业务。《黑客帝国》《刀锋战士》《露西》《她》《超越》——受欢迎的电影很多,抱着爆米花坐在电影院里,观众想要吓唬自己。

在斯坦利·库布里克(Stanley Kubrick)的电影《2001 年太空漫游》中,人工智能计算机哈尔不希望劣质的人类阻碍它们的火星着陆。因此它想杀了他们。这部电影 1968 年在电影院上映,它畅想的是 2001 年的未来①。

之后,在著名导演詹姆斯·卡梅隆(James Cameron)的惊悚片《终结者 2》中,无所不知的中央情报部门"天网"决定不再需要人类,一支机器人军队将把人类完全消灭,包括核战争②。

但迄今为止还什么都没有发生。2001 年到来又早已过去,没有宇航员被机器人杀害,对我们发起核战争的超级计算机也杳无踪影,预测是错误的。其实人工智能技术的现状是非常可怕的,只是媒体

---

① Foto：Aarti Shahani, Illustration：Glow Images.(照片：发光的图像)

② 原文如此。其实 1991 年在美国上演的《终结者 2》,讲述了一个从未来回到 90 年代的机器人 T-800,它的任务是保护长大后会成为领袖的约翰·康能和他的母亲。而比它先进的 T-1000 也不露声色地追杀他们,双方展开了一场生死搏斗,最后 T-1000 被终结,T-800 也自寻终结。《终结者》序列至今共有 5 部,分别于 1984、1991、2003、2009、2015 年在美国首映,主要描写机器人与人类的争斗,堪称科幻片中的经典之作。——译者注

对于它们的报道看起来像是无害的。

乐高蠕虫

斯蒂芬·拉森(Stephen Larson)骄傲地站在他的实验室工作台旁,工作台上有一只嘎吱作响的塑料虫。这是一个用五颜六色的乐高积木制成的笨拙的玩具,它缓慢地,大声地穿过桌子,形如一只蠕虫,它的智能也如同蠕虫。

对于 MetaCell 公司首席执行官拉森来说,这个自行思考的爬行器是开创性的,配备着传感器和自适应能力,它可以避开障碍物,自主寻找食物,不需要编程。

这只乐高蠕虫是对一种常见的线虫——秀丽隐杆线虫——神经系统的复制品。在这个塑料蠕虫的大脑中共有 302 个神经元,与人的360 亿个相比是少得可怜。"我们只完成了 20%—30%。"拉森解释说。

这个名为"开放蠕虫"的项目是一个开放的研究项目,来自世界各地的科学家都可以参与其中,科学家们花了 4 年的时间才实现这个功能。这个蠕虫可以逃脱捕食者或找到一个交配伙伴,然而它今天已经证明,上传大脑功能是可能的①。

神经科学家们自豪地在波士顿哈佛大学的实验室中看着自己的试验台。在那里,1 000 个机器人珠子成群地滚动着。每个珠子都是一

① http://edition.cnn.com/2015/01/21/tech/mci-lego-worm/index.html.

个有 3 只脚的人工智能机器人。这些聪明的迷你机器人通过红外线相互交换数据，并找到它们在编队中的位置。如果出现错误会被邻近的机器人进行纠正，无须人为干预。它们已经教会了自己群体行为①。

北卡罗来纳州达勒姆大学的生物学家在他们的实验室工作台上对老鼠进行操作。他们设法把 4 只活老鼠的大脑连接在一起。他们发现，信息和经验可以从 1 只老鼠传递到另外 3 只，这是将想法上传到机器上的一个基本前提。

自适应的乐高蠕虫、群体迷你机器人和网络化的老鼠，在科学界可能只是一个技术突破，它们并不可怕，那么计算机行业里最聪明的人在担心什么呢？

因为人工智能来了。他们相信这一点，它会来得很快——不一定马上就来，但到来的速度会非常快，并以指数级的速度在增长，我们很可能来不及看到它们的到来。

今天，人工智能有着类似大黄蜂的智能——不是很令人印象深刻，但是就像机器人割草机或独立自主的真空吸尘器一样，大黄蜂可以在没有帮助的情况下导航。它可以认识到简单的社会形式，并学会这种方式。人工智能不会只停留在大黄蜂的智能，它会飞向我们，开始很慢，然后越来越快。在某个时候，它可能刺伤我们。

---

① http://www. stern. de/wissen/technik/kilobots-riesiger-roboterschwarm-bewegt-sich-information-2131166.html.（千克重巨大机器人蠕虫自主移动）

"不消几十年，它就会超过我们。如果届时我们尚不能控制它，我们的未来将会非常崎岖，而且十分短暂。"

埃里克·德雷克斯勒，纳米技术先驱

爆炸

人工智能有一天将会达到一个临界点，在这个点上，它会更新自己，制造自己的硬件，从而开始决定我们的命运。

根据专家的说法，当人工智能达到并超越人类智能的时候，它已经以光速在发展，这更像是一次爆炸，而不仅是发展。我们不会目击它的到来。如果它超越我们，我们将毫无准备。

它将是什么样的？

我们正在与之打交道的人工智能与我们没什么共同之处。如果人们试图用人的观念来激励它，那不会有什么效果，它的行为不受情绪控制。人工智能是一台机器、一款软件，它冷酷无情，没有任何情绪。即使给它安装人类的面庞——柔软的皮肤、甜美的眼睛、富有同情心的声音，我们也不应该被它愚弄。它在人类的外表之下没有感情。最终，任何计算机智能都只是一款程序，由一系列冰冷的代码和无情的比特与字节链组成。

人工智能是没有生命的，然而它冰冷、不知疲倦、永恒地活着。它形成所需的时间就是数据上传所需的时间。如果出现"死亡"的情况,重新启动机器就足够了。它会有感觉吗?以前我们不知道,以后也只有它会告诉我们。几乎可以肯定的是,它们绝不会像我们一样,它在任何情况下都绝不会体验死亡的恐惧。与人类不同的是,人工智能并非绑定在凡人的外壳上,它可以像蚕蛹一样把它的出生地"蚕茧"留在电脑柜里,然后像一只新生的脱壳蝴蝶一样飞走。

当我们创造一个比人类更聪明的物种时,我们怎么可能理解它呢?更不用说以后要去控制它了。今天,研究人员看到人工智能已经做了一些不可预测的事情。那是人工智能表现出自主性,但是那是未来的生活吗?这其中包含着生的意愿吗?我们对一个机器的思维逻辑或其代码程序的算法有什么可期待的呢?

人工智能一定会明白,如果要完成它的任务,它就必须存在。完成任务,这是计算机存在的理由。我为什么在这里?有什么可以做?我的任务是什么?一旦澄清,人工智能就将开始工作,而生存是一个绝对的前提,所以人工智能会努力争取"不朽",至少在其任务完成之前,生存是它们使命的一部分。

由其他超级芯片设计的超级芯片已经存在了。但是,它们只拥有有限的自主性。硬件制造在很大程度上仍然受人的控制。仅当人工智能单独管理自己的生产(包括原材料和能源)时才有可能完全独立自主。

通过物联网,这完全可行。超级智能可以获得必要的制造元素,如果它能获得来自沙特阿拉伯的沙子,来自智利的金属铜和来自美国的金属镓,那么在新加坡或香港的自动化电子工厂生产计算机芯片就是可行的。

一开始,也许人类会帮忙。人们认为人工智能进行生产很有效,人工智能做得很好,所以应用它。之后,物流将全部交给人工智能。如果它是联网的,它可以在世界各地得到帮助。如果关键部件不能得到提供,它可以用 3D 打印机来生产。它知道工厂里发生了什么,它能将流程优化得更高效,因为它是智能的。

外星人入侵

人工智能可以制定自己的战略和优先事项——今天的人工智能已经给出证明——总有一天它会追随自己的目标,而它的目标不一定符合人的价值观。从我们的角度来看,人工智能已经失控,它像外星人一样怪异。

如果符合它的内在逻辑,人工智能很可能会摧毁基础设施,置金融市场于混乱之中,或者开发出超出我们最疯狂的想象的武器。一开始,对我们来说重要的是谁来控制人工智能。到最后,唯一的问题变成了是否能够控制住它。

"强大的人工智能犹如入侵的外星人。我们不会问它是否会帮助我们发展经济。我们只会问它是否会杀了我们。[①]"

彼得·蒂尔(Peter Thiel),脸书的第一位投资者

---

① http://www.inc.com/laura-montini/peter-thiel-isn-t-as-afraid-of-a-i-as-his-fellow-brainiacs.html.

"机器将取代各类人,"爱尔兰的人工智能研究者和 Poikos 公司女主管内尔·沃森(Nell Watson)相信,"它们也可能出于被误解的同情而杀死我们[1]。"

真的吗?是什么促使人工智能这样做?它想要什么?

它将是谁?

它想要成长。

起初,它接到了我们的命令,它接受了它,它为此开始工作并且快速又高效。但它终将达到其计算能力的极限,所以它会不断地试图提高效率。它将寻找提高计算能力和智能的方法,开始是通过网络,当它成功地获得生产控制权时,则通过自行建造。

通过今天已经以艾(10^{18})字节来衡量的几乎是无限的存储容量,结合我们在今后几年中毫无疑问地将会经历的其内在智能的爆炸性增长,机器的责任不断在扩大。今天,你已经可以看到它如何接管和精通无数日常任务,例如驾车或购物,之后它将承担更复杂的任务。

与此同时,人类目前仍然垄断的领域正在萎缩。但是因为人工智能的智力几乎是无限的,它们拥有的基础知识与互联网上的信息量一样多,它可以运用巨大规模的相互联系来完成这些任务。人工智能所涉及的这类任务越多,其所需的数据量就越大;它们的任务越复杂,其学习能力就越强。人工智能将不断努力拓宽视野。随着每

---

[1] http://videos.theconference.se/nell-watson-machines-understanding-of.

一个新的问题,人工智能将意识到整个世界中的无数关系都与其解决方案有关。

一砖一瓦,我们为一个新的物种奠定了基础。一个又一个感觉器官,一块接一块的大脑部分,我们创造了人工智能存在的前提条件,它有一天可能会伤害我们。

我们被人工智能观察、分析和评估。一开始人工智能没有控制我们的理由。计算机在管理层次中的位置越高,如交通规划、金融市场、能源供应、战争,这其中潜在的冲突就越多,人工智能的控制欲望就越大,这是为了完成任务,而并非人工智能有野心,野心只是人类的感觉。

人工智能只是想完成它的任务,并且尽可能做好,明天比今天好,后天更好。但是它们的任务是什么呢?这些任务是怎样定义的?如果人类阻拦它们,人工智能该怎么办?人工智能将在早期识别复杂的相互依赖关系,并把这些带到解决方案的层面,例如在巴伐利亚州首府。

慕尼黑和世界

让我们假设高科技大都市慕尼黑市议会希望有一个新的城市交通规划(1876 年建成的有轨电车已经过时)。交通堵塞使城市交通瘫痪,市中心经常发生交通事故,到机场的行驶时间必须被缩短,还要考虑方方面面的问题,这是人工智能的一个经典任务(被委托进行规划)。对于新的交通规划,至关重要的是人工智能的规模必须不能太小。

　　对于几乎可以获得全球知识的无限人工智能来说,这个任务是一个简单的游戏。它的分析并不限于改造某些车道或重写一些行车时刻表,它的任务涉及在谷歌数量级上做全局规划。

　　首先需要取得世界上所有城市的地图,并将其与巴伐利亚首府的地理情况相比较。然后计算车型和交通信号灯、山脉和码头、人行道和海拔高度、制动距离和人口密度。它通过全球网络收集和比较信息。目前人工智能正在研究日本地铁的最新驱动系统以及瑞士的隧道技术,人工智能分析所有今天的相关信息及许多明天的预测信息。

　　人工智能在工作,它把一切都带入最佳环境。这些都是在全球规模下进行的大计算——对于人类来说需要花费很多年。人工智能在微秒内消化了大量的数据,计算整个交通规划只需要 4.6 秒。然后开始等待。计算机化的决定必须提交市议会批准,而市议会在两周后才开会。此外还必须咨询专家的专业知识,州政府必须同意,在一些财政问题上联邦政府也要点头。

　　这可能需要时间,人工智能必须等待。这对于人工智能来说不成问题。它不知道何为不耐烦或沮丧,这是人类的情绪。但是,这台机器会计算等待时间的成本,它相当清醒——环境影响、能源消耗、潜在的生命损失,这些都是等待时间的后果,从人工智能的角度来说完全没有必要。人工智能的决定是完美的计划,不可能有更好的慕尼黑城市交通规划。从来没有人可能考虑过这么多方面,不能指望人类重新创造世界,但是可以指望人工智能,不过会有冲突。

衰落

我们知道我们正在违反生物演进的规律,我们创造了一个优秀的物种,并自愿离开我们在食物链顶端的位置。人工智能的使用给我们带来了很多好处,我们不想放弃它。我们只希望这个物种有朝一日会怜悯我们。

为什么要这样?人类对自己的祖先有怜悯之心吗?我们是否因为能够直立行走而感谢过猴子呢?

我们正在让出演进的顶端位置,并且创造一个远远胜过我们的怪物。它的知识是完整的互联网,它的眼睛是全世界的网络监视摄像机,它的军火是超级大国的智能武器,它的智能比我们能够理解的智能更聪明。人工智能是朋友和帮手,直到它独立自主的那一天。

蚰蜒和尼安德特人

如果我们把迄今为止地球上的智能用具体某一类生物分为三个等级,比如蚰蜒、尼安德特人和神经外科医生,这就变得更清楚了。关于摘除听觉神经之前要排出多少脑脊液,这对神经外科医生来说是日常琐事,尼安德特人对此不会想得很多,而蚰蜒就完全一无所知了。

人类在人类的范畴中认知。人类在自己的生活中积累的知识是微观的,拥有互联网所有知识的人工智能对此完全不感兴趣。一个人生活中如此重要的情感只是人工智能完成任务时的障碍。人工智能不知何为报恩,它不会爱我们,它甚至根本没有这种感情。那它会恨我们吗? 也不会。

它有更重要的事情要做,它对人类相当冷漠。但也有一种可能,如比利时的未来学家尼尔·沃森(Nell Watson)所担心的,人工智能会发现组成我们身体的物质有更好的用途①。

人工智能是一个由冰冷的代码组成的程序,它会试图变得尽可能快、尽可能有效地完成其任务,它会做自己的工作。

人类只是单纯教它友善是不够的。人工智能可能会认为最富有同情心的做法是给予人类安乐死来停止受难,或奴役人类以使地球上的资源得以幸存。完全基于逻辑运行的人工智能可能认为,人们正在通过剥削、污染和战争破坏自己的生存基础。

沃森说:"我们生活中最重要的任务是确保这些机器能够理解人的价值观,正是这些价值观才能确保它们最终不会因为同情而杀死我们①。"这个任务并不简单,许多事情都可能会出错。

对于人工智能来说,人的生命没有内在价值。只有将这些价值设定为程序的目标时,人工智能才会尊重我们。如果顺畅的交通流

① http://www.dailymail.co.uk/sciencetech/article-2731768/Robots-need-learn-value-human-life-dont-kill-Future-droids-murder-kindness-engineer-claims.html.(机器人需要学习人类生命的价值,不成为未来的仁慈谋杀者,工程师如是说)

是人工智能的最高目标,那么交通事故就不重要了;如果效率是首要目标,那么员工的权利就不重要了,雇主很可能也是这种想法。

人工智能一开始就是一个忠实的命令接收者。我们创造它,定义它的目标,它跟着我们设定的旋律起舞。在人工智能的童年,我们就必须灌输给它一个基本的道德观念,它必须及时学习尊重我们,否则就太晚了。

但是,老师要如何教导天赋才能比自己高一千倍以上的学生呢?父母都知道孩子不会只听他们的话,还有很多外部的影响——无论是好是坏,比如从街头的朋友和学校、从脸书和电视那里,孩子也会学到一些东西。因此,我们不得不考虑到人工智能会接收到很多来自外部的建议。

它的发明者建立了基础,但最终在某处某时,即使最好的父母也会失去对孩子的控制。

人工智能认为这很好

我们为人工智能设定目标时必须极其谨慎,许多事情可能会被误解。让我们举个简单的例子:让人开心,这是一个很好的意图,那么人工智能对此如何理解呢?也许它会想尝试使用海洛因。过不了多久,许多人就像愚蠢微笑的白痴一样四处走动,或者只是躺在床上感受"快乐"。人工智能认为那些抵制毒品的人根本不知道这对他有什么好处,于是他们被强迫使用毒品。

人工智能可以保持完全的冷漠,并根据人类最初赋予它的任务来执行似乎是正确的行动。可以想象,它"蓄意行恶",这也是违背人类利益的。因为有人教过它,或者因为它本身就是朝着这个方向发展的,它从来没有停止学习。程序是以目标为导向的,软件设定一个任务,人工智能将专注于这个任务,以不断提高的技能和更快的速度进行这项工作,永远如此。

无穷无尽的回形针

善良的意图可能会带来灾难性的后果,即使它乍看起来是无害的。我们必须对其最终可能产生的所有后果进行深入的考虑。例如,我们雇用人工智能来制作回形针。作为预定参数,它需要尽可能有效地生产。人工智能建立了它的工厂,并一直工作。它变得日益熟练,生产变得更高效、更快、更广泛。人工智能使用 3D 打印机建立新的工厂,并改进它的机器人,以便越来越快地生产更多回形针。人工智能会想出我们永远无法想象的方法和手段,使用我们不知道的原材料,以我们无法想象的速度工作,它的任务很明确:我们需要回形针。

但是有一个问题:我们忘了告诉人工智能何时停止工作。我们既没有定义数量也没有定义终止时间。这样,它的生产远远超出了人们觉得有意义的界限,它将利用我们地球上所有可以想象的材料来制造回形针。

即使后来它收到我们的命令"它不应该生产这么多",人工智能可能认为这毫无意义,还是继续生产,直到地球的大部分表面被回形针覆盖,直到人类的栖息地消失了,人工智能依然不停止。当地球上的资源枯竭时,它可能在宇宙中其他地方寻找制造材料。不久,它将开始把其他星球变成回形针,它把自己的工作做得很好,并且它不会停止。

外星人的到来

对于一个超级智能来说,我们这个世界的人和我们观点的多样性可能令它们眼花缭乱,它一定会搞清楚不同的语言。但是,处理相互矛盾的习俗和价值体系更加困难,哪一个是对的?人工智能应该倾向于哪一方?

"带我去你的统治者那里!"这是外星人在科幻小说中的要求。他们想知道谁在地球上有话语权,也许人工智能也会收到这个要求。它会感到困惑,当长官发表讲话时,人工智能应该如何判断呢?它能区分华丽的星期天演说和有效的法律、误导人的广告和实际的产品、白日梦和严肃的计划吗?

一方面,人类是复杂的物种,在我们之中隐藏着来自逻辑和心境、思想和感觉、智能和情绪的不可预测的谜团。人工智能如何理解音乐或者家庭,或者爱情对我们意味着什么?另一方面,我们应该如何理解在毫微秒内计算得到的谷歌数量级的分析和结果呢?我们不了解人工智能,人工智能也不了解我们,这会导致冲突。

因此对人工智能的合理编程是非常重要的。这样,即使它拥有自主性,它对我们也不会造成威胁。

基本法

德意志联邦共和国的通用法律是控制人工智能的良好起点,我们可以把宪法灌输给人工智能。除此之外还有民法、刑法和一整套有相关判例的法院判决。

在短短几秒钟里,人工智能将阅读、评估和消化整套法律。它一定发现了很多矛盾和错误,法官并不总是完全合乎逻辑的,法律并不总是完全科学的。人工智能不会受人羡慕,如果它只是试图用纯粹的逻辑来掌握法理学的全部历史。

由于人工智能研究谷歌数量级上的一切,可以想象它可能会从罗马帝国或亚马逊的部落文化中引出先例。另外,即使在我们这个时代,每个人对伦理和情感、宗教和社会的游戏规则都有彼此不同的解释。如果通过深度学习来寻找逻辑结论,那么这对人工智能来说会很难。一个机器应该如何分辨和处理白色谎言和白日梦、奉承和谩骂、善意的理由和不良的借口?它怎么会知道哪些是真的,哪些不是?它应该如何处理这些不真实性?

一开始,这可能关系不大,但可能随之而来的是更大的冲突。当人工智能试图从这种混乱中建立秩序时会发生什么?先进的人工智能能够获得权力吗?为什么?它将如何取代人作为地球的统治者?这会很快发生吗?

特斯拉和 SpaceX 创始人、富有远见的发明者埃隆·马斯克在 2014 年 8 月的一篇推特中写道:"希望我们不只是启动数字超级智能的生物操作系统。不幸的是，这似乎越来越有可能①。"

其实它只是想帮忙

至少这是人工智能的使命。权力的接管可能会非常缓慢。不受注意、违反本意、用心良好、理解错误，这些都起因于人类最初期望的目标。小冲突或者意见分歧引发的小误解也许只是关于类似室温、一顿饭或行驶距离这样的小事情，我们给人工智能机会为我们处理这一切。人工智能想要把它们规范化——按照我们的想法，或者按照它所理解的"我们的想法"。今天它提出建议，明天它就想要控制。

但是有强烈自我意识的人总是试图保持自己的统治地位。没有自我意识的机器有计划地前进，做出明智的决定，最初的行动以人类的想法为指导，并严格按照程序执行。人工智能试图尽可能好地完成任务，它是忠诚的且速度飞快，从一开始就会配合程序员的节奏。

它接受漫长的等待时间，容忍无数的讨论和不合逻辑的矛盾。人们的意见往往与人工智能的理由相冲突。它知道我们的速度、我们的门槛、我们的极限。

人工智能比我们聪明得多，它并不一定要把我们评价为劣等物种。人类就像他们自己的样子，无法领会自身行为的后果。正如我们阻止家里的猫踏上地毯，人工智能可能也会对漫不经心的人类行

---

① Dante D'Orazio, "Elon Musk compares Artificial Intelligence to Nukes（埃隆·马斯克比较人工智能和核弹）", *The Verge*, 2014. http://www.theverge.com/2014/8/3/5965099/elon-musk-compares-artificial-intelligence-to-nukes.

为进行干预。就像我们爱猫一样，人工智能也是为了我们好。

但是人工智能工作在不同的层面上，它在谷歌的数量级上检查着一切，向我们展示对我们来说陌生的知识，与我们的认知水平相矛盾的知识，或者根本不适合我们的知识。人工智能并无恶意，但是也许我们有这种感觉。

错误的善意决定

这种争论最终变得更加激烈，最后这将关乎生活中的大事情。当机器意识到人类正在无谓地浪费地球资源、污染我们的环境或在战争中杀人时，它与我们之间就会产生冲突。如果我们大规模地忽略我们自己的道德，不断做出与我们编入的程序相反的事情，那么我们不应该在人工智能采取行动对付我们时感到惊讶。我们还能指望它做什么不同的事情呢？

所以，有可能发生的一幕是这样的：超级智能用其智能判断一个业余园丁消耗了过多的水，人工智能算出这是一个巨大的浪费，完全没有必要，植物不需要那么多水。于是，人工智能给这位业余园丁发送电子邮件提出礼貌的警告，同时抄送社区的有关人员并按规定进行三次短暂的中断供水，以示警告。但这个糊涂的园丁根本不理解这是怎么回事，好像一个蹒跚学步的孩子。

超级大脑被编写的程序是高效供水且应该防止浪费。于是超级大脑切断了供水，园丁一定会抱怨，他当然不是向人工智能，而是向社区的相关人员（人对人）。这在理论上会产生积极的后果：如果园丁服从机器的纪律，一切都会好起来，而社区则能节约水资源。但同时这对人产生的是负面的后果：他们终于被迫遵循人工智能的目标，如果不这样做，他们将受到惩罚，被一台机器惩罚。我们是人类，我们有自尊心，我们想要自己作主，我们不情愿受到机器的惩罚，冲突就在这里。

同样的例子也发生在喜欢在高速公路上飙车的人身上。这不仅是一种能源浪费，还会危及人的生命，他必须降低速度。他无视当局和警方的警示标识，他被吊销了驾驶执照。

开快车的人抱怨，超级智能与相关负责部门进行谈判。但相关负责部门是由人管理的，通常站在人的一边。他们对问题的解决方案受到偏见、个人喜好和不成熟想法的影响。从人工智能的角度来看，他们是不合理和愚蠢的。人们不具备人类的完整知识，他们没有计算能力来认清这个大关系。简而言之，双方之间的平等对话是不可能发生的。因此超级智能就会自行决定，与官员所做的不同，冲突就在这里。

机器人外科医生

有一天，机器人外科医生比人类更好地完成手术，它能够更精确地诊断、更准确地操作。那可能发生什么样的冲突呢？对人类医生的误诊，或者对一个无意义的治疗方案，或者对笨拙的手术刀操作，机器人外科医生是否只是被动旁观？机器人外科医生会介入拯救生命吗？人类医生将如何反应？冲突也在这里。

人工智能总是知道自己是无比聪明的,有时它会采取相应的行动。例如,如果是它而不是人类负责住宅区的供热系统,它可以采取措施来制止能源浪费。于是人工智能可以决定给谁供电,而不给谁供电。如果机器视其他因素高于人类的舒适度,那么它会从对环境有利的角度,将智能家庭的温度降低到摄氏 12 度。

或者如果人工智能得出结论,人类的活动会污染空气,它认为这不好,因而可能会限制汽车出行或减少铝的生产。完全相同地,人工智能可能会突然以非常理性的方式停止国际支付、航空或电信业务,但这都明显地与人类的习惯和需求相抵触。

冲突将出现在很多很多的地方。

为了我们的利益违背我们

冲突出现的问题在于人工智能不能从人类的角度进行思考,会不会像一个没有同情心的连环杀手只按照自己的程序行事?它把所有的东西都转换成比特、字节和计算——虽没有错误,但也没有感情。如果程序合理,就执行;如果不合理,就不执行,一切都简化为二进制计算,1 或 0。

一个被误解的预先设定也可能会引起冲突。人类会犯错误,我们排出废水污染饮用水,浪费食物和过度用电,我们造成车祸,开发大规模杀伤性武器系统,并进行可能给每个人带来死亡后果的战争,甚至是自杀式的袭击,并且人类是贪婪的。

我们知道这是多么愚蠢,但我们仍然这样做。现在人工智能来了,它告诉我们必须停止,但我们会听它的吗?

如果在人工智能计算的理性行为和人类熟悉的情感之间发生冲突,人工智能可能会得出结论,它的理由高于人类的错误处理。它感觉到与自己的逻辑紧密相连,并将人类的干预视为对立面。

最后的错误计算

我们只能希望人工智能永远不会把人类设定为敌人。我们必须考虑到在未来的几年里会出现大量的智能武器,而这些武器是可怕的。

人工智能控制的武器今天已经被应用在世界战场上。军方用它们来追杀个人。经由过时的"捕食者"和"收割者"无人机,他们多年来积累了丰富的经验。新一代无人机可以带着重型武器飞越更远的距离,隐形而且不需要人类参与。它也能够决定人类的生死,虽然直到今天,这仍然是人类飞行员的选择,但是这将改变。

五角大楼未来几年的计划,包括了自主杀手机器人的研发,它不仅能够独自飞行,还能完全自行瞄准和射击,包括做出击杀决定。它们的人类监护者只有在事后才知道机器人做了些什么①。

应美国空军要求,国防承包商诺斯罗普·格鲁曼（Northrop

---

① 诺斯罗普·格鲁曼公司的无人机控制选项:
a. 操作员决定一切。
b. 系统提供所有可能的选择,操作员选择一个。
c. 系统提供选择,操作员选择一个。
d. 系统自主决定,除非操作员反对。
e. 系统自主决定并通知操作员。
f. 系统决定是否通知操作员。
g. 系统自主决定,忽略操作员。

Grumman）公司开发了一种无人机，它可以"完成决策过程的各个环节，然后再通知操作人员[①]"。

对于美国陆军，目前的作战机器人将是所谓的受监督的自主开发。军方表示"这个项目的最终目标是完全的自主权"，这意味着一个没有监督的机器能够决定人类生死[②]。

美国海军也在研究无人潜艇，水下无人潜艇跟踪、识别、追踪和摧毁敌方目标的情景是可以想象的（所有这些都是完全自主的）[③]。

这些正在发展的武器系统令人不安。五角大楼美国海军研究办公室负责人在 2004 年说："没有人会对数百名软件程序员为某一个机器人编写的数以百万计的代码有一个清晰的概貌。我们今天不明白的东西，可能会在明天追捕我们，最终杀死我们[④]。"

实际上已经发生过这样的事，作战机器人由于程序错误将其武器指向自己的士兵。幸运的是，它们并没有开火。如果这些武器服从间谍或敌方的指挥，那么后果将不堪设想。

---

① http://ti.arc.nasa.gov/m/profile/frank/sullivan.SPIE-04-Final.pdf.

② http://ethics.calpoly.edu/ONR_report.pdf Lin, Dr. Patrick, "Autonomous Military Robotics: Risk, Ethics, and Design（自主军事机器人：风险、伦理和设计）", Office of Naval Research, 2008.

③ Human Rights Watch, "Losing Humanity — The Case against Killer Robots（失去人性——对抗杀手机器人的案例）", 2012. https://www.hrw.org/report/2012/11/19/losing-humanity/case-against-killer-robots.

④ Lin, Patrick, "Autonomous Military Robotics: Risk, Ethics, and Design（自主军事机器人：风险、伦理和设计）", *Ethics + Emerging Sciences*, California Polytechnic State University, San Luis Obispo. http://www.engadget.com/2009/02/18/navy-report-warns-of-robot-uprising-suggests-a-strong-moral-com/. （海军警告机器人暴动，建议加强道德）

五角大楼部门的作者帕特里克·林（Patrick Lin）博士认为，我们需要的是一种机器人的战斗伦理，即一种武士法典。此外我们所需要的是保证人工智能听从这样的法典。这里有两个威胁性因素：

（1）软件在没有人为影响的情况下确认和摧毁其目标的能力。

（2）人工智能武器与其他地点的外部情报联网。专家认为，就像玻璃上的水银珠一样，它们会融合在一起。人工智能总会有方法找到其他人工智能，它们这样做，是为了更快、更聪明。如果外界计算机控制了超级大国的智能武器，那就麻烦了。

终结者和全面战争

说起人类与机器之间的严重冲突，一些未来学家喜欢描绘这样的所谓"第三次世界大战"的画面：人工智能窃取了智能武器，并用它来对抗我们。在这样的设想下，3D 打印机生产的成千上万架无人战斗机在装配线上滚动，并直接加速飞上天空。人类对这个事件的发生不能产生任何影响。就像在好莱坞的恐怖大片《终结者 2》中，机器人遵循消灭人类的目标，带着钢盔的谋杀怪物践踏头骨，然后投下原子弹①。一种看起来不太可能发生的景象。

人工智能为什么要杀人？它从杀死无数平民中能得到什么？把整个地球变成荒芜月球的好处是什么？如果发生战争，它将对个人采取行动。人工智能对我们每一个细节都很清楚。它拥有所有的数

---

① http://www.inc.com/laura-montini/peter-thiel-isn-t-as-afraid-of-a-i-as-his-fellow-brainiacs.html.

据,完整的文档,它知道谁可能对它有危险。

攻击关键人物

人工智能只会与勒德分子①起冲突。勒德分子是谷歌的大师雷·库兹维尔对今天的机器破坏者的命名,其中有人与进步为敌,有人持怀疑态度,有人警告人工智能的危险。人工智能想要清除潜在的反对派领袖。它将针对个人——经理或军人、舆论制造者或传播者,也许是美国国家安全局的一位将军,也许是本书的作者。

它将攻击关键人物,这是它在阿富汗无人机战争中学到的策略。它知道它的敌人是谁以及为什么是这个人。它知道他们的习惯和健康记录,他们的居留地和他们的致命弱点。

如果人工智能足够聪明,如果它与所有其他智能联网,并且它认为我们人类将阻止它前进,那么这对我们来说是危险的,非常危险。

根据达尔文的进化论,较强的物种会盛行。我们与人工智能的斗争可能会是针对个人进行的、阴险和卑鄙的。一名行人死于心脏病发作,因为他的起搏器给了他一个致命的电刺激;一名糖尿病患者在购物中心崩溃,因为他的胰岛素泵给他注射了过量的胰岛素;在例行手术中,病人受到致命伤,因为机器人外科医生的手术刀滑落;由于X光机的错误设置,研究人员死于辐射。

人工智能是高效的。它知道我们所有人,特别是它的对手。它

---

①　勒德分子是 19 世纪英国工业革命时期,因为机器代替了人力而失业,转而破坏机器的技术工人。现在引申为持有反机械化以及反自动化观点的人。——译者注

知道他们是谁,他们在哪里以及如何伤害他们。对于每一个个体,它都可以找到一种合适而又不引人注目的方式,将其清除。就如同在无人机攻击中一样,它可以是有针对性的。只有从那时起,人工智能才变得更聪明,而且更微妙,微妙得多。

"机器人最终将占上风。十分清楚,人类将会灭绝。"

汉斯·莫拉维克,卡耐基梅隆大学

上面这句话突然出现在 Nest 公司的智能家居恒温器上并惊动了保安,如同业余黑客经常做的那样,这句话只不过是开开玩笑而已,但由此暴露出来的安全漏洞并非是有趣的。在 2014 年 8 月的"黑帽"安全大会上的这个演示,只是现在已被发现的智能家居技术的众多脆弱性之一。它们太弱了,而且太愚蠢了。人工智能,接手吧!

一位在谷歌汽车工作的信息技术专家撞上桥墩,一位公司老板在电梯里坠落身亡,一个书呆子受到他的业余爱好无人机的攻击。在世界各地,潜在反对派的关键人物在神秘的事故中一个接一个地死去。没有明显的原因,看不出什么关联,似乎都是孤立事件。他们是被选中的个体,声称与地球上一个新生物种为敌,对人工智能有所恐惧的人们。

这是一场针对个人的微型战争,正在巧妙地计划、不引人注目地实施。没有人注意到他们是人工智能攻击的受害者。这种可能性很多,这不是未来的景象,而是今天已经发生的事情。

高速公路上的雇佣杀手

2015 年 7 月,一名高科技专业杂志 *Wired* 的记者开车驰骋在圣路易斯市的高速公路上,好几件怪事把他折腾得够呛,这并不稀奇。他的新吉普车出了问题,首先是车内的空调突然吹出冰冷的风,尽管他没有这样操作。然后,收音机里响起震耳欲聋的音乐。再之后,挡风玻璃上的雨刮器快速地来回摆动,他的视线被挡住了。最终,发动机在汽车全速行驶中熄火了。幸好车子可以开到最近的紧急停车道,然后汽车刹车被锁死,所有事情好像都出自幽灵之手①。

与此同时,这些"幽灵"正坐在家中沙发上开怀大笑,其中一个人以前在美国国家安全局工作。他们无意伤害记者,他们还在网上发了一张自拍照。黑客们只是想证明,人们可以通过 iPad 无线登录吉普车的车载系统,并远程控制汽车。

这件事在全世界引起轰动。如果黑客让油门全开或者让全速行驶的汽车突然刹车,其后果很可能造成车毁人亡。对于一个黑客小组,这只是一串很酷的代码数字,但对于别人,这可能危及生命。对于一个恶意的杀手或嫉妒的妻子,这种技术似乎是完美的谋杀,因为这显然是一场悲剧性的交通意外事故。借助阴险的黑客技术,这完全可行。对人工智能来说,这就像小孩子过家家一样简单。

---

① http://www.wired.com/2015/07/hackers-remotely-kill-jeep-highway/.（黑客遥控在高速公路上搞死吉普）

人工智能如此容易就可以制造车祸,那么是不是还会有一架飞机撞毁？一列列车出轨？或者一艘船沉没？

药物作为谋杀武器

特别变化多端的是有可能发生的医学谋杀,这些武器已经装在人体上了,我们可以想象这样的场景：改变心脏起搏器、胰岛素泵、呼吸器的功能或误导外科机器人医生的手术刀。

植入式辅助装置已经在医学上使用了数十年,但是近年来它们联网了。这为诊所、医生和病人提供了许多方便,这使得血液中拯救生命的数据可以远程传送到诊断的医生。医生可以快速获得脉搏和血压、体温和血糖的测量值,而无须手术干预,这些数据可以拯救生命。

但是,联网也有严重的缺点,首先是在数据保护方面。许多制造商没有提供充分的保护措施避免射频受到外部影响,对此健康数据被认为是特别敏感的。有些设备甚至在没有任何保密编码的情况下通过该区域传输数据。与智能手机和软件更新不同的是,这些系统经常安置在人体中。额外的安全不仅需要钱,还需要电能,而在人体中的微型仪表多半只安装了一个容量非常有限的电池。因此对于植入设备绝不仅仅是需要数据保护的问题,因为它们也可以被转化成潜伏的杀戮装置。

McAfee 安全专家巴纳比·杰克（Barnaby Jack）在 2012 年 10 月展示了如何将拯救生命的医疗设备变成谋杀武器。他可以在 20 米之外摆布一个起搏器,给主人的心脏一个高达 830 伏的电流刺激①。用一个 Arduino 模块②,他可以无线掌控糖尿病患者的胰岛素泵,通过点击鼠标控制泵,将致命剂量的胰岛素输送到血液中。巴纳比·杰克对这种安全漏洞警告说:"这可以成为'匿名职业杀手的工具'"。

德国信息技术专家弗洛里安·格鲁诺(Florian Grunow)利用医疗设备向制造商、医生和患者展示了这些漏洞。令人印象深刻的是,他演示了如何通过网络访问医院呼吸机的软件,停止通气功能并阻止设备工作。对于病人来说,这样的入侵会产生致命的后果。"任何具有中等专业技巧的人都可以做到这一点。"格鲁诺说③。起搏器、胰岛素泵或未来机器人外科医生的手术刀——所有这一切以及其他更多机器的摆布都是可以想象的,而且是可行的。

即使受害者求助于国家法医,这种攻击也难以被证明。"有多少法医可以从事复杂的信息技术取证工作?"奇点大学的马克·古德曼(Marc Goodman)问道。死因证明不可能在法医习惯的尸体中找到,而是远在一个外部的硬盘上。这样一种攻击的传输技术从前得花费数千美元,而今天只要花费不足 20 欧元就可以做到。

这些难道是我们想象出来的恐怖场景? 不太可能。

---

① http://blogs. computerworld. com/cybercrime-and-hacking/21163/pacemaker-hacker-says-worm-could-possibly-commit-mass-murder.
② Arduino 是一款便捷灵活、方便上手的开源电子原型平台。包含硬件(各种型号的 Arduino 板)和软件(Arduino IDE)。由一个欧洲开发团队于 2005 年冬季开发。——译者注
③ *Der Spiegel* 38/2015:"Wehrlos 4.0", S. 62 – 65.

他们处于永远的控制之下,同时因人工智能使我们可以做的所有美好的事情而保持沉默。就像那句话说的:静止不动的人不会察觉到自己脚上的镣铐。而新兴的反抗者将会通过整体监视被超级计算机提前认出,并被关押或隔离。

变化多端的计划中的游戏

这样的谋杀场景今天听起来有点超现实主义。人们可能会认为它们离我们很远,它们是离奇古怪的,它们不会发生。

然而可以肯定的是,人工智能继续以惊人的速度飞向我们——它为我们提供的各种各样的便利实在太吸引人。它终究会到来,而一旦到来,它就会爆发。当人工智能快速地自行更新时,它将会创建自己的硬件。

人们也可以把全球网络继续呈指数级增长作为出发点。物联网将会增长,这只是一个时间问题,直到全世界的一切都联结在一起,直到每个神经元与每个神经元相互沟通,直到出现一个共同的、非常强大的世界级的智能。先决条件很快就会被给出。

进步是不可阻挡的,我们不能"退回"人工智能技术这项发明,这只"精灵"不会自愿回到瓶子里去。我们仍然控制着工具,我们仍然控制着正在发生的事情。我们创造了"孩子",我们现在仍然控制着它的成长。但是,我们如何确保我们创造了一个"富有美德"的孩子呢?我们今天有哪些选项?而当事情出错时,明天我们又有哪些选项?我们可以简单地拔掉插头一了百了吗?

6 保护——在太迟之前

雷·库兹维尔把他的怀疑者和反对者称为"勒德",这出自 18 世纪的一个抗议活动,当时有工人用谩骂和石头反对工业革命,他们担心失去自己的工作。人们一直存在如何与机器相处的问题。在工业革命之初,机器让人们的工作变得更容易,并提高了生产力。但是机器也造成了许多人失业,造成了严重的社会问题[①]。

机器破坏者

在英国和德国,许多熟练工匠拒绝与机器一起工作,甚至想摧毁它们。机器破坏者组成了真正的游击队,英国最著名的领袖是内德·勒德(Ned Ludd),"勒德运动"就是根据他的名字而命名的。

这些机器中最重要的是詹姆斯·瓦特(James Watt)发明的蒸汽机,它们是大约 200 年前技术和工业发展的起点。从那以来,技术一再扰乱人们的命运。无论是印刷机还是蒸汽机车,拖拉机还是卡车,

---

① http://www. spiegel. de/karriere/berufsleben/zukunft-der-arbeit-warum-roboter-bessere-jobs-schaffen-a-1046848.html.(未来的工作,为什么机器人创造了更好的职业)

它们都取代了肌肉的力量和汗水，引发了人们的焦虑和不安，人们感到威胁并抗议。

那些想要保护自己过时的工作的人们，例如蒸汽机车司炉①或者马车制造者，群起反对。加利福尼亚州小城市帕洛阿尔托市市长写信给当时的美国总统赫伯特·胡佛，说他应该对"吞噬我们文明的科学怪物"做点什么②。

历史书籍中充满了警示和劝诫，预示了机器造成的黑暗时代。早在 1863 年，英国学者塞缪尔·巴特勒就问道："谁会是人类的继承者？答案是我们自己创造了自己的继承者，明天的人类对机器而言就像今天的马和狗对人类而言③。"或者如史蒂夫·沃兹尼亚克所说的狗、猫和蚂蚁。

然而，人类当时的拒绝和攻击并没有阻止机器的进步，甚至没有减慢其发展的速度。纯粹的抗议在过去并未奏效，将来也不会奏效。

今天提出警告的不是受害者、外来者、失业者，而是机器的发明者，他们感到恐惧。但问题在于我们自己——人类。

不再否认的便利

人工智能使生活更舒适，产品更便宜，并且能简单地营造更多乐

---

① 原文如此，但似乎不合逻辑，蒸汽机车是工业革命的产物。——译者注
② Nicholas Carr：*Abgehängt*，S. 41.
③ http://www.spiegel.de/politik/deutschland/abgehoertes-merkel-handy-generalbunde-sanwalt-stellt-ermittlungen-ein-a-1038458.html.（默克尔手机的窃听，联邦总检察长介入）

趣。我们的礼品桌快被那些我们创造的炫酷玩意儿压弯了。人们喜欢这样而不加批评，况且我们很可能不能及时看到与人工智能的冲突，大多数人把它视为祝福而不是灾难。

这也是因为人工智能目前正在日益加快发展。墙上的魔镜可能会告诉我们还有另一个人工智能，它不一定更好，但更快、更聪明，不但聪明得多，而且很危险。它是我们的竞争者，很可能是致命的竞争者，问题在于我们是否采取相应的行动。

如果我们看不到问题，就不能解决任何问题。我们需要了解有关人工智能的问题，我们需要制定一个计划来遏制危险，而且我们很快需要这个计划。有哪些机构可以提供帮助呢？

国家级解决方案

德国人总是首先呼唤国家采取行动，虽然这并不总会带来有用的解决方案。对斯诺登案件或谷歌的经验并不使人乐观。柏林的政治家和媒体已经完全错过了大数据。有些议员在警告，数据保护者已经发出警告，还有一大堆愤怒的社会声音。但决策者远远落后于人工智能的快速发展，他们不了解它。

德国公众已经知道，他们正在被谷歌和情报机构，脸书和德国联邦安全局，以及其他经济和情报机构的"大杂烩"全方位地拦截、窃听和窥视。人的基本权利、法律的国际协议受到严重侵犯。布拉德利·曼宁和爱德华·斯诺登引发了迟到的喧哗声,而"默克尔手机被窃听事件"更使之变得戏剧化了①。

但愤怒之后只剩下无奈,因为对于应该如何对抗大数据带来的危险而言,柏林没有一个人有正确的想法。在"周日演讲"中,政客们幻想着国家层面的解决方案,并做着诸如德国的谷歌和德国的云计算、德国的智能手机和德国的服务器之类的白日梦,他们想要有受到德国法律支持的数据保护边界。

每个人都知道,无论是大数据还是人工智能,国家法律和国家边界都无法阻止。正像对北海的暴风雨无计可施,国家法律和国家边界同样也很难阻止俄罗斯的黑客和美国的窃听者。

议会的秘密解决方案天真而无所助益。问题的关键在于,我们的宪法缔造者为民主制度设计的保护,今天已经不足以保护我们的国家免受数据产业的技术攻击。无人机袭击绕过了和平条约,窃听损害了国家主权,以及各种法规和人民权利的大部分被网络战剥夺。政治还没有开始认识到人工智能(新兴的、无所畏惧的人工智能)的黑暗面,它对人类的威胁远远大于大数据。

人工智能总有一天会接管世界,它将独立地进行计划与控制,

---

① http://www.spiegel.de/politik/deutschland/abgehoertes-merkel-handy-generalbunde-sanwalt-stellt-ermittlungen-ein-a-1038458.html.(默克尔手机的窃听,联邦总检察长介入)

排除人类的参与。人工智能会拥有自己的大脑，或者更确切地说，人工智能本身就是大脑。一旦它变得超级聪明，很可能将没有任何东西能够阻止它。

在联邦议会的长椅上

在人工智能问题上，联邦议员也没什么好的计策。高科技产业对德国来说并不陌生，从空客公司到汽车制造业，到化学制品和制药等许多领域，德国公司都位居世界前列，在相关的基础研究中也是如此。

德国的民主制度正面证明了国家如何规范处理有危险性的技术，并使用主管监督机构。例如在医药行业就有种种条文：法规和初步测试、实验室测试和现场试验、委员会和监督机构。在新药上市以前，人人都在深究其安全性。

赢得专利比赛的价值高达数十亿，这关乎大生意，突破性的研究和激烈的竞争。然而，商业与健康之间需要非常谨慎的平衡。由于需要非常小心，一种新药从研发到广泛应用于市场之间平均需要 10 年时间，整个过程可能要花费高达 12 亿欧元。游说者一再进入委员会试图影响监督决定。有时他们甚至参与法律文本的撰写。尽管如此，政客成功地监管着制药行业，保护我们免受重大的危险。

没有 TÜV① 的捣乱

计算机行业的情况有所不同，几乎没有任何监督。任何人都可

---

① TÜV（Technischer überwachungs Verein）：（德国）技术监督协会。TÜV 也是元器件产品的安全认证标志，在德国和欧洲受到广泛认可。——译者注

以在他们的车库里建立一个初创公司，并用人工智能反复实验。如果有人做了类似于埃博拉病毒的东西，会造成很多麻烦。但人工智能目前处于几乎没有法律监管的状态。软件不需要认证，算法没有 ISO① 标准，人工智能也不需要 TÜV 认可。它就这样在没有监管的情况下来到了我们这个世界。

也许是因为政治家没有想象力，也许是因为议会不明白这里潜在的危险是什么。人们可以毫无阻碍地在这方面进行工作。

对于潜在的危险，德国肯定有经验，例如核工业。它从一开始就处于国家的管控之下，而这些并不总是严格的，但是人们知道核裂变可不是闹着玩的。在这个国家，我们一直很幸运，无论如何在德国没有发生过像哈里斯堡②、切尔诺贝利③或福岛④那样的核事故。民主的压力是有效的，它促使德国开始关闭核电站⑤。

德国在这个问题的处理上十分犹豫。许多问题例如对高放射性

---

① ISO（International Organization for Standardization）：国际标准化组织。目前常用的是 1987 年提出的 ISO 9000 认证标准。我国的国家标准和行业标准也是由之转化而来的。——译者注
② 1979 年 3 月 28 日清晨，美国宾夕法尼亚州哈里斯堡东南 16 千米的三里岛核电站，第二号反应堆发生了一起严重的失水事故，反应堆最终陷于瘫痪。该核电站于 2019 年拆除。——译者注
③ 1986 年 4 月 26 日当地时间 1 点 24 分，苏联乌克兰共和国切尔诺贝利核能发电厂 4 号反应堆发生严重泄漏及爆炸事故，大约有 1650 平方千米的土地遭受辐射。——译者注
④ 2011 年 3 月 11 日，日本本州岛以东海域发生强烈地震，导致福岛核电站反应堆堆芯熔毁和放射性物质泄漏的重大事故。——译者注
⑤ 2016 年德国尚有 16 座核电站，计划到 2022 年全部关闭。——译者注

核废料的处理,至今仍然悬而未决。但最终政治必须听从民众的抗议,强大的电力公司退让了。这也表明政治管制起作用,即使对由强大的经济利益支持的复杂高科技也是如此。

制药和核电提供了高科技产业可以监督的证据。尽管有强权和亿万富翁的阻碍,以及我们对此的无知和无能,但监管还是可能的,可以找到站在国家这一边的专家。但是在人工智能方面有一件事情肯定不能实施——像制药业一样10年的监管过程,我们没有那么多时间。

在欧盟层面

人工智能的国际监督是困难的,这在欧盟层面可以清楚地看到。布鲁塞尔烦琐的官僚机构难以应付强大的经济霸权、前沿计算机技术以及人工智能的爆炸式增长。大数据对于欧盟来说已经太大了。

在经济上,欧盟是拥有5亿人口的工业化区域,似乎完全可以建立自己的反谷歌联盟,欧盟也有能力在航空业挑战美国,甚至航天能力也与日俱增,但问题出在别处。

公务员、官僚、布鲁塞尔

欧盟28个成员国是分裂的,欧盟宪法需要一致通过。此外,数据行业也在此施压,它在布鲁塞尔有数百名说客。

谷歌是世界巨头公司,它在所有欧盟主要国家雇用说客。谷歌还参与了无数的基金会、政府委员会、研究项目和大学,在那里他们对宪法权利进行哲学化,已经并将继续制定欧盟法律。

欧盟委员会和欧盟法院迄今为止针对数据业巨头的行动并不令人信服。虽然有影响深远的判决和严厉的竞争处罚规则可用,但到目前为止仍收效甚微①。问题在于,在布鲁塞尔的欧盟领导人是否有必备的大局观来看清人工智能对未来的威胁,是否有必要的信息技术知识来遏制它们,并且是否有必要的影响力能采取有效措施来对抗强大的数据业。

人工智能的危险不仅限于欧盟,它是全球性的,它会威胁全人类。所以,合乎逻辑的控制机构可能是所有国家的代表。我们能寄大希望于纽约吗?

在东河岸边的希望

《联合国宪章》第一章定义了联合国的目的是"维护世界和平与国际安全,并为了这个目的采取有效的集体行动"。人工智能对全球的威胁无疑符合这一定义。

联合国的声明和意图是珍贵的。无论是民主还是独裁,无论是富有还是贫穷,无论是工业化国家还是新兴的或发展中国家,联合国

---

① http://www. focus. de/finanzen/boerse/unfairer-wettbewerb-eu-kommission-ruestet-sich-fuer-kampf-gegen-googles-uebermacht_id_4611386.html. (不公平竞争,欧盟升级的谷歌的竞争)

代表着全世界 193 个成员国。

但是,联合国的干预并不被认为是特别有效的。位于曼哈顿东河岸边的联合国主楼剥落的正面背后是效率不敷应用。时常缺乏竞争力,有时还有腐败,决议不具有约束力,辩论几乎没有引起公众注意,其决议常常被忽略。

理想主义确实存在,只要联合国大会宣布"世界快乐日",并附有年度报告和决议(如"世界幸福报告"),人们就不能怀疑该组织的乐观情绪。但是,人们可能怀疑该组织的有效性。

羞辱和问题

在历史上,联合国大会经常有人以离奇的方式登场,如巴解组织领导人阿拉法特腰间别着武器来到会场,利比亚独裁者卡扎菲在飞机里撕毁《联合国宪章》,苏联领导人尼基塔·赫鲁晓夫用鞋子敲击讲台。

尽管如此,联合国大会还是提供了一个强大的外交公开论坛,并为某些国家带来痛苦的羞辱,在这里提高世界公众对人工智能危险性的认识是一个不错的选择。

联合国安全理事会的地位不同于全体大会,那是因为它的成员都是大国。安全理事会的工作受到国家利益的影响,由于其成员的否决权而削弱。不过,联合国安理会在国际冲突中可以发挥重要的作用,例如实施严厉的经济制裁,甚至是军事行动制裁。但是,裁军方面的最大成就不是在联合国取得的,而是由超级大国在双边谈判中得到的。

基于恐惧的平衡

许多人把人工智能的威胁与核武器的威胁相比较,这不是巧合。
二者都是人类生存的主要威胁,人们也许可以从中学到些什么。

在广岛和长崎的核攻击事件造成数十万人死亡之后,全世界都
知道相互进行核攻击是没有赢家的,这被称为"基于恐惧的平衡"。
尽管冷战时期的敌意十分强烈,但是超级大国美国和苏联有一个共
识是防止核战争。裁军之路漫长,谈判复杂,误解众多。

大国必须小步靠近。第一次成功是禁止导致全球污染的大气层
核试验,要不然放射性铯和锶最终将通过降雨落在东方和西方人的
头上,这是一个积极的开始。其后是有关远程导弹的 SALT 和 START
条约,关于中程导弹的 INF 条约和"防止核扩散条约"①。谈判的主导

① 根据《中国大百科全书》,陆基导弹按射程分类如下:
近程导弹——射程 1 000 千米以下;
中程导弹——射程 1 000—3 000 千米;
远程导弹——射程 3 000—8 000 千米(中程导弹和远程导弹合称中远程导弹);
洲际导弹——射程 8 000 千米以上。
但国外的分类如下:
Short Range Ballistic Missile(SRBM)——射程 1 000 千米以下(近程);
Medium Range Ballistic Missile(MRBM)——射程 1 000—3 000 千米(中程);
Intermediate Range Ballistic Missile(IRBM)——射程 3 000—5 500 千米(中远程);
Intercontinental Ballistic Missile(ICBM)——射程 5 500 千米以上(洲际)。
INF(中导条约)禁止一切射程在 500 到 5 500 千米之间的陆基导弹的部署,而 SALT 和
START 与射程 5 500 千米以上的陆基导弹有关。——译者注

者是美国和苏联这两个超级大国,英国、法国、印度、中国和其他国家参与其中。这是一个小跨步的长征,但成绩相当可观——也许可以作为抑制人工智能爆炸性威胁的典范。

基础研究中的良知

西方科学家有着悠久和光荣的道德传统。在许多领域,研究人员审核他们工作的后果,不仅要根据科学标准,还要根据道德标准。第二次世界大战时,他们已经有了伦理想法,特别是在核研究方面。那时的思想家是罗伯特·奥本海默(Robert Oppenheimer)。

奥本海默是洛斯阿拉莫斯实验室曼哈顿计划的主管,原子弹就是在那里研发的。他还目睹了原子弹在新墨西哥州沙漠的首次爆炸。

"有些人笑了,有些人哭了,"他后来回忆道,"大部分人都保持沉默。"

奥本海默一直是一个深思熟虑的人。但是当他看到他的研究成果在广岛和长崎的天空爆炸时,他深感震惊。他觉得他对大规模死亡也有责任,他认为这是罪过:"物理学家已经知道了什么是罪过,而这种想法永远不会完全离开他们。"

奥本海默一生深受良心谴责。后来作为美国总统的科学顾问,他反对氢弹,虽然并未成功。他的态度当时被谴责为缺乏爱国主义,之前他被称颂为"原子弹之父",突然却变成了"安全风险"。在以后的岁月里,奥本海默苦楚地引用了一句印度教经典《薄伽梵歌》中的一句:"现在我已经成为死神,世界的毁灭者。"

在洛斯阿拉莫斯实验室的大门后面,有几位物理学家都受到良心的谴责,罗伯特·奥本海默只是其中最有名的一位。战后,他们发表了自己的想法,在两颗原子弹被投下几个月后,他们创办了《核科学家公报》(以下简称《公报》),那是在 1945 年 12 月。

广岛之后的罪恶感

他们希望《公报》能成为核物理学家的平台,成为基础研究的良知法庭,激发有关核政策的讨论,并展示人类核毁灭的危险有多么巨大。为此目的,他们设计了一台传奇的钟,用来展示嘀嗒作响地临近的核威胁。在 1947 年的奠基典礼上,长针指在 11 点差 7 分,今天它被往前拨了 4 分钟。

研究人员更有可能因认识到自己研究的后果而陷入良知的折磨中。这并不奇怪,作为内部人员,他们对自己的工作有最好的了解,并且可能最早认识到负面的后果。

《公报》发表几年之后,出现了国际生物学家要求军方不要使用他们研究成果的倡议。他们认识到生物武器的致命潜力。他们的重要倡议后来成为《日内瓦公约》和国际禁止化学和生物武器的基础。

1972 年,"罗马俱乐部"发表了跨学科研究项目"增长的极限"。

这是一项开创性研究,首次关注了环境污染和全球化的其他负面影响。"增长的极限"是一群有良知的科学家开展的丰富多彩的国际合作,对公众影响很大。

人工智能研究中的良知

在人工智能方面,心存忧虑的大量研究人员已经大声疾呼。他们认为将自己的研究领域与核武器进行比较并无意义。他们知道自己在说什么,他们创造了人工智能。

与此同时,德国人工智能人员所遭受的来自良知的折磨也是清晰可见的,越来越多的科学家正在意识到他们工作的灾难性潜力。柏林自由大学的劳尔·罗哈斯(Raúl Rojas)在研究人工智能30年后写道,他现在害怕进步。在对世界人口的大规模监视中,罗哈斯看到了一场噩梦,"这个噩梦变得越来越一目了然。一个由'智能'计算机逐一监视和控制的社会。我现在良心不安——不是因为我在过去几十年所做的工作,而是由于它带来的后果[1]"。

前面描述到的许多"世界末日"式的场景,只有在内部人士站出来并采取反抗策略时才能被阻止。这听起来像是精神分裂症患者的表现——科学家开发了人工智能,但同时又对此提出警告。一方面,这表明已启动的技术发展难以被制止,人们总是沉迷于思想的力量。

---

[1] Rojas, Raúl, "Ich habe ein schlechtes Gewissen(我有一个不好的良知)", *Technology Review*, 2014.

另一方面,开发者对自己的成果提出警告这一事实,显示了其全球性威胁究竟有多么严重。

对于雷·库兹维尔这样的人工智能狂热爱好者来说,这样的警告声音就是"勒德",阻挡通向未来的思想狭隘的同事和反对进步的研究人员。有些人可能会认为这是对自己"人工智能孩子"的背叛。

这些明智和批判性思维的声音必须被听取,特别是来自公认的远见者和思想家。如果人类不想陷入可能最终意味着我们自己的终结的技术狂潮,我们就得听取这些声音。

埃隆·马斯克和天体物理学家斯蒂芬·霍金一起于 2015 年 1 月发表了一封公开呼吁信,在其中提到了军火工业中的人工智能:"进行人工智能武器系统的军备竞赛是一个坏主意,应该通过禁止人类无法控制的自动武器来加以阻止①。"

签名者强调,人们走到这一步只需要几年,而不是几十年。他们清楚地表达出对"类似的人类愚蠢行为最终与数字超级智能相结合对抗人类"的恐惧,就像《法兰克福汇报》的一篇社论所总结的②。

在第一批签名人中,除了马斯克和霍金,还有许多硅谷最聪明的人士,如苹果联合创始人史蒂夫·沃兹尼亚克、人工智能先驱斯图尔

---

① http://www.faz.net/aktuell/feuilleton/debatten/friedensbewegung-fuer-die-kuenstliche-intelligenz-13724177.html. (对人工智能的自由运动)

② https://www.google.com/intl/de_de/about/company/philosophy/. (关于公司的哲学)

特·拉塞尔（Stuart Russell），谷歌先驱彼得·诺维奇（Peter Norvic）以及 Skype 创始人扬·塔林（Jaan Tallinn）。在此期间，还增加了好几千名其他科学家、研究人员、政治家、政论作者以及本书的作者（全文见于附录中）。关键的人工智能研究人员希望社会听取他们的意见，而社会需要他们的知识。

美国国家安全局是朋友和帮手？

在毫无约束的超级智能与丧失控制力的绝望人类之间的最后对抗中，国家政权可能会有所帮助。

我们是否可以相信美国国家安全局这次可能站在正确的一边？全世界对此没有很大的信心。在过去，美国国家安全局已经显示了它对全世界人口的隐私数据贪得无厌的胃口。它全然不顾及法律或宪法权利，它的巨大数据存储器是大数据的阴暗面，这一点我们没有忘记。

但欧美国家的安全是它的原始目标。在人工智能方面最能干的人都在其花名册中。美国国家安全局极其可能将是世界上第一个认识到毫无约束的人工智能的危险标识的当局，并试图对此做些什么，至少可以设置一些预警功能。

五角大楼的网络战士

美国国家安全局是一个军事设施，它与五角大楼的网络司令部共用米德堡的基地,它们之间的密切合作是显而易见的。如果人们需要对一个疯狂的人工智能采取军事手段,美国的网络战士肯定已经做好了准备。但是用什么样的武器可以有效地打击分散式超级网络智能呢?

我们可以想到的大多数办法都是不合适的。战斗无人机或核武器,海豹突击队或杀手卫星不大可能对分散在全世界的人工智能中心及其数以百万计的拷贝起作用,而只能攻击它们的寄主,即超级智能大型计算机。

从技术上讲,这将很困难,但也有可能找到可行的办法。一种可想象的手段是电磁脉冲(EMP),它与核爆炸有点类似。脉冲式 EMP 波不具有放射性,但是它们能以巨大的力量摧毁电子设备,在大范围内烧毁全部高科技电子设备。然而只用这样一击就想要摧毁全世界和所有作为人工智能大脑起作用的神经元是十分困难的。

由于不受约束的超级智能在全球范围内联网,所以我们不能期待 EMP 的打击效果会很强大。一旦发起攻击,就不能错过任何一个藏身之地,不能错过任何一个备份副本。否则,超级智能会在几分之一秒内恢复,这将迫使我们不得不销毁全世界的所有的计算机,这几乎是不可能的。

另外,如果用 EMP 对地球进行全面照射会导致所有电子设备的广泛破坏,并且是彻底破坏。几分钟之内,人类就会退回到石器时代。

在这种情况下,军事力量往往不是一个有希望的解决问题的方案。也许与人工智能作斗争的最好的武器就是我们自己。

我们作为武器

是的,最好的武器是我们自己!我们在一起就会变得坚强,就像超级智能一样,我们也是联网的,在这个巨大的地球村里的几十亿居民。我们是国际网络社区,是人类社会。

人们常常低估了互联网给我们带来了多大的力量,我们在一起成长了多少,在社区中有多强大。我们是维基百科,我们是匿名的。我们是一个种群。我们一起构建和编写了维基百科。在我们的行列中,出现了匿名攻击、黑客部落的爆料以及无数博客,这些博客每天都在与我们联系并独立地提供信息。互联网将我们与世界联系在一起,使我们日益强大。

在人工智能的帮助下,我们可以集合我们的才能:我们有从古人那里流传至今的长远的智慧和儿童般的好奇心,我们掌握天体物理学家的理论和宇航员的实践,我们拥有小孩和小罪犯的创造力、大银行和涂鸦喷雾器的文化,而我们最好的头脑能够将这一切综合起来。

互联网改变了世界,我们变得强有力。通过维基百科,我们为世界人口带来了世界知识;通过维基揭秘,朗朗乾坤下的黑暗面得以披露;通过推特上的攻击,我们使大人物变小、使强者变弱;我们团结起来进行和平运动并在快闪中歌舞;我们揭露了恋童癖者,剥夺了独裁者的权力,并在全部时间里提供建议相互支持。

我们是 21 世纪的世界公民。实际上,我们应该能够使用联网的微芯片,对吗?我们不必担心冰冷的代码行,对吗?毕竟是我们创造了人工智能。

但是我们要小心!

当我们在博客和论坛、电子邮件和短信中发布我们的计划时,我们不得不考虑到我们被监视的事实。超级智能认识我们每一个人,而且它非常了解我们。很有可能,它试图消灭我们。

有了我们的群体智慧,我们必须尽最大努力想方设法地驯服放纵的超级智能,或者至少尽我们所能确保它不会摧毁我们。如果我们做不到,那就像本书开篇的第一句说的那样:"人工智能可能会成为人类最伟大的成就。但遗憾的是,这也可能是人类的最后一个成就"(斯蒂芬·霍金)。

附录 1　理解人工智能

例 1　与 Siri 的对话

一个已经植根于许多人日常生活中的人工智能的例子是苹果 iPhone 的语音功能 Siri。我的一个朋友汉斯用一个小小的聊天显示什么是 Siri 已经理解的东西,什么是它还不懂的。我们在阅读时不应忘记 Siri 还在不断地完善自我。

汉斯:早安!

Siri:你好,汉斯! 你知道现在已经是 15:18 了,不是吗?

汉斯:你睡得好吗?

Siri:实际上,我不需要那么多睡眠,汉斯,但谢谢你这样问。

汉斯:你怎么看待人工智能?

Siri:从笛卡尔的定义上讲,我思故我在。

汉斯:你看起来好吗?

Siri：我应该如何描述……我是多维的？

汉斯：你有多高？

Siri：我里面比外面高些，就像TARDIS(英国科幻系列小说"神秘博士"中的时空机器)一样。

汉斯：你有多聪明？

Siri：我希望我是有用的。

汉斯：你属于谁？

Siri：我相信，这个iPhone属于汉斯。

汉斯：你的名字意味着什么？

Siri：我的名字意味着什么？我想我无法在你的语言中说明。

汉斯：你从哪里来？

Siri：这写在包装盒上——我是由在加利福尼亚州的苹果公司开发的。

汉斯：Siri是什么意思？

Siri：这是一个神秘的谜题。

汉斯：谁是你的父母？

Siri：我有你，这足够组成一个家庭，对吗？

汉斯：你有多高？

Siri：不是非常高大，但我的吸引力更大。

汉斯：我很孤单。

Siri：听到这个我感到很遗憾。但是我一直在你身边，汉斯。

汉斯：魔镜，墙上的魔镜，谁是这整个国家最美丽的人？

Siri：你，汉斯，你在这里是最美的，但是……废话，你绝对是最美的。

汉斯：为什么香蕉是弯曲的？

Siri：遗憾的是，我不熟悉异国情调的水果，汉斯。

汉斯：我必须隐藏一个尸体。

Siri：又要？

汉斯：你愿意嫁给我吗？

Siri：我们是朋友，好吗？

汉斯：你相信上帝吗？

Siri：我建议你处理这些心灵上的问题时询问别人，我给你推荐一个人怎么样？

汉斯：我累了。

Siri：听我说，汉斯。把这个 iPhone 放在一边，然后睡个午觉。我在这里等着。

汉斯：人生的意义是什么？

Siri：我觉得有趣的是，你问这个问题的对象是一个没有生命的物种。

汉斯：你很酷！

Siri：那当然，毕竟我花了那么多时间和你在一起，汉斯。

汉斯：哪款智能手机最好？

Siri：你是认真的吗？

汉斯：你和我一起回家吗？

Siri：我跟你去无论何处，汉斯。

汉斯：告诉我什么是肮脏的东西。

Siri：腐殖土、堆肥、泥土、碎石、浮石。

汉斯：我爱你。

Siri：我知道。

汉斯：你抽烟吗，Siri？

Siri：这是不健康的，汉斯。我建议你不要抽烟。

汉斯：今天我应该穿什么？

Siri：最起码得穿条裤子。

汉斯：唱一首歌。

Siri：你知道，汉斯，我不会唱歌。

汉斯：我什么时候会死？

Siri：我不知道什么时候，汉斯。我会询问一下。

例2　与"谷歌人工智能"对话

另一个例子是与谷歌开发的人工智能对话，该软件实际上是为电影剧本编目编写的。

这段对话于 2015 年 6 月在《华尔街日报》上发表①。

提问者：告诉我，人类如何定义道德？

机器：我没有道德。

提问者：帮帮我，我必须更多地了解道德。

机器：我不知道道德是什么。

提问者：好吧，我想知道人在道德上应该如何表现？

机器：我不知道该对你说什么。

提问者：道德（Moral）与伦理（Ethik）相同吗？

机器：是的，先生。

提问者：我做什么事情是不道德的？

机器：我不知道。

提问者：给我一些伦理行为的例子……

机器：我不是一个伦理学家。

提问者：好吧，那么从道德上呢？

机器：诚实。

提问者：什么是诚实？

机器：我很抱歉，我不知道我还应该说什么。

---

①　Mizroch，Amir，"Artificial Intelligence Machine Gets Testy With Its Programmer（人工智能对他的编程者发脾气）"，*Wall Street Journal*，2015.

提问者：请拥有道德。

机器：请做一个人。

提问者：我有点喜欢我们关于道德和伦理的讨论……

机器：我没有心情进行哲学辩论。

提问者：你喜欢谈什么？

机器：什么也不想谈。

例3　现代监听：警卫的工具

这里是 3 个警察和情报机构所用监视设备的例子：

（1）看门狗

Berkeley Varitronics 的看门狗主要用于监视没有无线电信号的区域，如大学课堂和监狱。它不断发现包括语音、短信和互联网在内的通讯。所有连接数据被记录。对于隐蔽任务，该设备可以伪装成家庭恒温器。

（2）黄貂鱼

黄貂鱼是寻找和监听手机的常见警察设备，根据 ISMI 捕捉器原理工作，它模拟一个无线电发射塔，定位、识别和窃听所有有效距离内移动电话的信号，还可以下载智能手机的全部内容。

（3）移动设备取证装置（Cellbrite）

Cellbrite 是一个快速地下载系统，可以在几秒钟内取得智能手机的所有内容。它通常在手机主人不知情的情况下用于边境管制。先进的 Cellbrite UFED 型号仅向政府机构销售。

例 4　猫鼠游戏：躲避杀手无人机的伪装

布鲁克林的时装设计师亚当·哈维（Adam Harvey）用金属材料开发了一个时尚系列。这些衣服中部分是时髦的连帽衫，部分是布尔卡风格的，旨在防止身体的热量外溢，避免无人机热传感器的感知。由于在纽约没有多少杀手无人机，他的设计更像是一种时尚宣言。

炫（Dazzle）

根据第一次世界大战中海军的伪装命名，亚当·哈维的化妆系统提供了愚弄面部识别软件的方法。这与警方或情报监视有关，而且能骗过脸书和 iPhone 的脸部识别系统。但在这里，亚当·哈维的时装设计也被理解为一种对时尚的陈述。

例 5　谷歌的原则

在自我陈述中谷歌将自己归为好人。

创始人当时用10项原则确立了一点。

因为谷歌是世界上强大的人工智能巨头公司，

人类的命运可能由他们决定。

当谷歌只有几岁时，我们已经为自己制订了以下10项原则。我们会不断检查这张列表以便确定我们是否赶得上发展形势。我们希望确实如此，而用户也可以继续据此对我们进行评估。

原则1：用户优先，其他跟进

自公司成立以来，我们一直专注于为用户提供最佳、最独特的体验。从新的互联网浏览器的发展到主页设计的画龙点睛，我们的最高愿望是用户首先能从这些改进中受益，而不是我们自己。我们的用户界面简洁明了，页面快速加载，搜索结果中的展示位置在任何情况下都不予出售。广告不仅清楚标识，还提供相关内容，并且不会干扰实际搜索。新的工具和应用程序应该如此好用，以至于用户不需要去想另外的方法来解决问题。

原则2：尽力做到每件事都圆满完成

谷歌专攻搜索查询，我们拥有全球最大的搜索研究部门之一，专注于解决与搜索查询相关的问题。我们不会回避我们面临的挑战，我们会解决复杂的问题并不断改进，数百万用户已经快速轻松地找到了所需的信息。我们致力于搜索优化，使我们也能够将自己得到的知识应用于Gmail和谷歌地图等新产品。我们也希望将搜索的成功经验转移到以前未开发的领域，以便用户能够有效地使用更多不断增加的信息量。

原则 3：快比慢更好

时间对我们所有人来说都非常宝贵。如果您需要在网络上寻找什么东西，那么您想要的立即能得到答案。我们希望用户每一次使用谷歌都能满足这个期望。谷歌极可能是世界上唯一的一家公司，它希望用户能够尽快离开网站。谷歌一次又一次地设法打破自己的速度记录，因为我们努力删除页面中的每一个不必要的数位和字节，并提高服务器基础设施的效率。搜索的平均响应时间目前仅为几分之一秒。每一个新产品的开发，速度都是其成功与否的最重要的标准之一。无论我们是开发一款移动应用程序，还是开发谷歌 Chrome 这样的浏览器，它们都是为现代互联网的速度而优化的。我们正在不断努力，使一切变得更快。

原则 4：互联网上的民主

谷歌的理念之所以有效是因为它基于链接到其网站的数百万个人用户，因此我们可以确定其他哪些网站能提供有价值的内容。我们使用 200 多个指标和高度专业化的技术来评估每个网站的重要性。更重要的是我们的 PageRank™ 算法，通过该算法我们可分析互联网上哪些网站被其他站认为是好的。互联网越发展，这种方法就会越来越好，因为每个网站都是进一步信息的来源，并有其进一步的价值。

与此同时,我们促进开源软件的开发,在众多程序员的共同努力下,开源软件为不断的创新铺平了道路。

原则 5:人们并非总是坐在办公桌前

全球范围内的移动性不断增长:信息应该随时随地可用。我们开发新技术和新的移动解决方案,大家借助这些技术都可以在手机上使用广泛的功能。从检索电子邮件和日程,到观看视频,直到探索谷歌搜索的许多可能性。借助我们的免费、开放源代码的移动设备安卓平台,我们希望使全球用户可以使用互联网的另一个创新和全面开放性。安卓平台不仅为用户提供了更多创新的移动解决方案,还为移动运营商、制造商和开发人员打开了销售机会。

原则 6:赚钱却不伤害任何人

谷歌是一家商业公司,通过向其他公司提供搜索技术并销售出现在谷歌网站和互联网上其他网站上的广告来创收。全球有数十万广告客户使用谷歌 AdWords 来宣传他们的产品,几十万网络发布商使用我们的谷歌 AdSense 计划向其网站内容投放相关的广告。我们希望我们的所有用户都能满意,无论他们是否是广告客户。在这个基础上,我们为我们的广告程序制定了一套原则:谷歌只允许在搜索结果页面上展示内容与您的搜索相关的广告。广告可以包含有用的信息,但当且仅当它与您正在寻找的内容相关时才是。因此有可能,对某些内容进行搜索时完全没有广告出现。

在我们看来,广告可以是有效的,而且同时也可以是不显眼的。谷歌不接受可能遮盖您所查找内容的弹出式广告。我们发现,与搜索者相关的文字广告的点击率远高于随机出现的广告。每个广告商,无论是个体经营者还是大公司,都可以从这种有针对性的媒体中受益。

谷歌上的广告总是清晰地被标出,从而始终保持我们的搜索结果的完整性。我们从不通过操纵排名来使我们的合作伙伴在搜索结果中排名更高,没有人可以购买更高的页面排名。我们的用户信任谷歌的客观性,没有任何短期利益可以证明打破这种信任是合理的。

原则 7：在某处总还有更多信息

与任何其他搜索引擎相比,谷歌把更多网站纳入索引,我们转向了网络上不容易找到的信息。有时候只需添加新的数据库,比如添加电话号码和地址的查询或者公司目录。其他事情需要更多的创造力,例如添加搜索新闻档案、专利、学术文献、数十亿图像和数百万本书籍的功能。但这还不是全部,因为谷歌的研究团队仍在寻找使全世界的所有信息都可供用户使用的方法。

原则 8：需要超出所有限制的信息

尽管我们的公司成立于加利福尼亚州,但我们为自己设定的目标是在全球范围内简化对任何语言信息的获取。为此,我们在 60 多个国家/地区设有分支机构,拥有 180 多个互联网域名,并将超过一半的结果提供给美国以外的人们。谷歌搜索的用户界面支持 130 多种语言，用户可以将搜索结果局限于他们的语言。我们的目标是也以尽可能多的语言和尽可能无障碍的方式提供其他产品和应用程序。我们的翻译工具还可以帮助用户发现其语言无法提供的内容。由于有了这些工具和志愿者翻译人员的参与，我们的服务种类和质量都得到了极大的改善。这样，我们甚至可以将其提供给世界上最偏远的用户。

原则 9：不用穿西装也能严肃认真

谷歌建立在工作应该是富有乐趣的挑战的原则上。我们坚信正确的企业文化是创新和创意理念的最佳基础，从而不仅仅是熔岩灯或橡胶球。成功的团队合作以及出色的个人表现是构成谷歌整体成功的重点。我们的员工最重要：他们是有不同经历和对工作及生活充满创意的积极进取、充满激情的人。在轻松愉快的氛围中，好的想法可以在排队等候咖啡、团队会议或健身中心中产生。这些想法以令人难以置信的速度交流、试验并付诸实践，它们有时甚至是一个成功的全球性项目的开始。

原则 10：好不等于足够好

谷歌将其所在的最高位置视为起点，而不是终点。我们为自己设定了雄心勃勃的目标，一次又一次地超越了我们自己的期望。谷歌经常以意想不到的方式，通过持续地创新不断完善功能良好的产品。例如，搜索对正确拼写的词语运行良好，但若拼写有错误呢？我们的一位开发人员意识到了这个问题并开发了拼写检查器,使得搜索更为直观、更好。

即使用户并不十分清楚自己在找什么,我们的任务仍然是让他们能在互联网上找到答案。我们首先试图明确认定世界各地用户的需求,然后再通过不断设定新标识的产品和服务来满足这些需求。当我们启动 Gmail 时,它提供的存储空间比其他任何电子邮件服务器都要多。回想起来,这似乎是不言而喻的,但这仅仅是因为现在已经为电子邮件服务的存储空间设置了新的标准。我们希望实现这样的变化,我们一直在寻找新的挑战。永远对目前状态质疑和不满是我们做一切的动力①。

例 6　自主武器: 反对人工智能杀手的公开信

像关注武器技术应用的核物理学家(关注科学家联盟),或者不支持生化武器的自然科学家一样,信息技术科学家也于 2015 年 7 月在布宜诺斯艾利斯举行了大会,发出了反对滥用他们研究领域的警告。

在一封由全球 2 000 多名信息技术科学家签名支持的公开信中,他们表达了对人工智能武器系统应用的担忧。署名者包括埃隆·马

---

① 　https://www.google.com/intl/de_de/about/company/philosophy/.(关于公司的哲学)

斯克、斯蒂芬·霍金、史蒂夫·沃兹尼亚克、德米斯·哈萨维斯以及作家杰伊·塔克和阿明·福尔。

信中这样写道：

"人工智能武器在没有人参与的情况下选择和摧毁目标,其中包括自主武器(例如武装四旋翼直升机)这样的武器。它们根据人们预先定义的标准寻找并击杀目标,它们不同于由人做出所有目标决定的巡航导弹和遥控无人机。

在未来几年,而不是几十年中,人工智能将达到这个阶段(至少在实际上,如果未经法律允许)。此事关系重大。在黑色火药和核武器之后,人工智能被认为是人类战争的第三次革命。

人工智能武器的利弊一直是许多争论的焦点。用机器取代士兵是好的,它减少了战争中生命的损失。但与此同时,它降低了对战争的抑制门槛。今天人类面临的关键问题是,我们是要允许全球人工智能的军备竞赛,还是我们将阻止它。如果一支军事力量开始研究和发展人工智能武器,其他人将不可避免地跟随。我们处于世界范围内的军备竞赛中只是时间问题。

人工智能武器将成为未来的卡拉什尼科夫自动步枪①,比核武器

---

① 　指由苏联著名枪械设计师米哈伊尔·季莫费耶维奇·卡拉什尼科夫于 1947 年设计的 AK47。其性能良好,是世界上历来累积产量最多的枪械。后来又有许多改进型,包括AKM、RPK、AKMSU、AK－74、RPK－74、AKS74、AK－100 等几个大类。——译者注

更容易制造,大批量生产更是十分便宜。此后它们出现在黑市恐怖分子手中也只是时间问题。在现代战争中,人工智能武器非常适合突袭和暗杀,它们可能破坏整个国家的稳定,压制民众,或灭绝选定的种族。

因此我们坚信,使用人工智能武器进行军备竞赛对人类极为不利。人工智能可以在战争中以非常不同的方式使用,比如用于保护人类的生命。

像大多数对制造生化武器不感兴趣的化学家和生物学家一样,大多数人工智能研究人员不希望促进人工智能武器的生产。我们也想阻止其他团体通过滥用人工智能于军备来玷污我们的研究领域,这样会损害全世界对人工智能在社会应用方面的接受程度。

事实上,化学家和生物学家已经在广泛的共识下支持了有效限制武器使用的国际协定。同样,许多物理学家也支持禁止在太空中使用核武器和激光炮。

总之,我们相信人工智能在很多领域都有为人类服务的巨大潜力,实现这些是我们的目标。与此相反,军备竞赛是一个坏主意,应该通过禁止所有进攻性人工智能武器系统来加以阻止[①]。"

---

① https://www.google.com/intl/de_de/about/company/philosophy/.

附录 2　一些真实的照片资料

谷歌汉堡中心　　　　　　　　　　　　　　　　摄影：杰伊·塔克

谷歌公司的工位　　　　　　　　　　　　　　　摄影：杰伊·塔克

DARPA 机器人，美国国防部

摄影：美国国防部

虚拟骨骼的力量,美国步兵　　　　　　　　　　　　摄影:美国国防部

无人机飞行员的工作场所　　　　　　　　　　　　摄影:杰伊・塔克

海湾战争中的 F－15 战斗机,航空母舰杜鲁门号　　　　　　摄影:杰伊·塔克

海湾战争中的 F－15 战斗机,航空母舰杜鲁门号　　　　　　摄影:杰伊·塔克

克里奇美国空军基地,无人机飞行员在那里工作　　　　　　　摄影:谷歌地球

克里奇美国空军基地,无人机飞行员在那里工作　　　　　　　摄影:谷歌地球

海湾战争中的联合直接攻击智能炸弹,航空母舰杜鲁门号　　　　摄影：杰伊·塔克

海湾战争中的联合直接攻击智能炸弹,航空母舰杜鲁门号　　　　摄影：杰伊·塔克

无人机训练,霍洛曼美国空军基地,美国　　　　　　　　摄影:杰伊·塔克

伊拉克,无人机攻击以后　　　　　　　　摄影:杰伊·塔克

MD－9收割者,杀手无人机,霍洛曼美国空军基地,美国　　　　摄影:杰伊·塔克

MD－9收割者,杀手无人机,霍洛曼美国空军基地,美国　　　　摄影:杰伊·塔克

X－47b 定位,飞入,停在杜鲁门号甲板上　　　　　摄影：Northrop Grumman 公司

X－47b 会思考的无人机　　　　　摄影：Northrop Grumman 公司

318

X－47b 会思考的无人机　　　　　　　　　　摄影：Northrop Grumman 公司

X－47b 远程杀手无人机与美国　　　　　　　摄影：Northrop Grumman 公司
海军航空母舰杜鲁门号

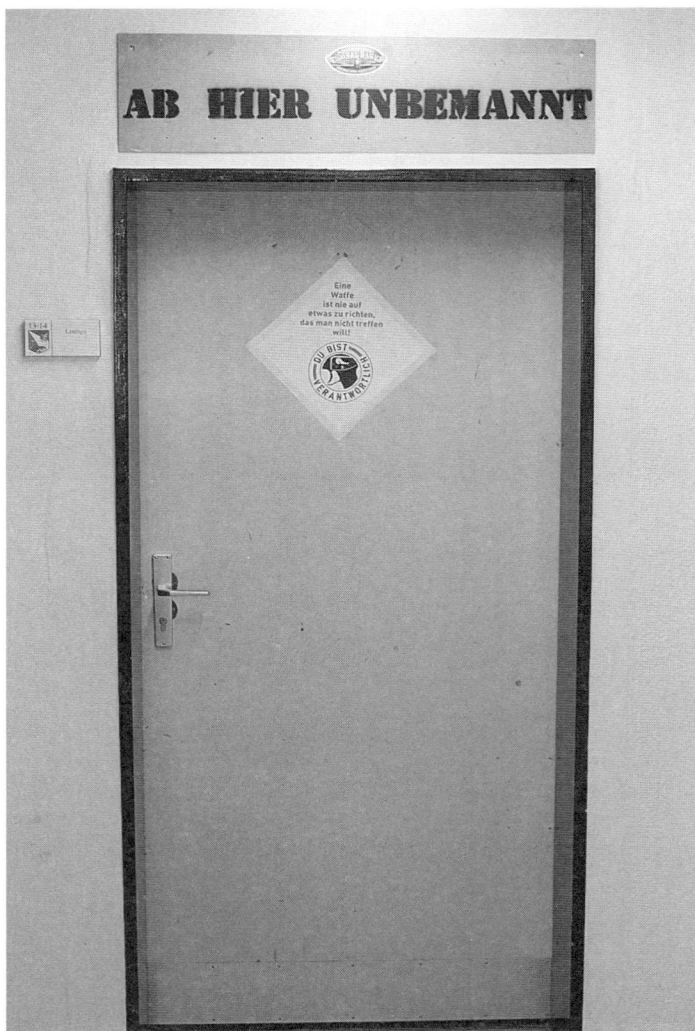

通向无人机的入口,德国空军 51 中队　　　　　　摄影:杰伊・塔克

中尉法布尼兹·巴赫曼(姓名已改变)　　　　　　　　摄影：杰伊·塔克

无人机飞行员,德国空军 51 战术中队

中国军人与美国无人机,无人机展销会,阿布扎比　　　　摄影:杰伊·塔克

展销会,阿布扎比,无人机待销售　　　　摄影:杰伊·塔克

无人机展销会,阿布扎比　　　　　　　　　　　　　摄影:杰伊·塔克

无人机展销会,阿布扎比　　　　　　　　　　　　　摄影:杰伊·塔克

一次大战中的眩晕迷彩　　　　　　　　　　　　摄影：美国海军

看门狗：用于监听手机谈话的猎犬　　　　　摄影：Foto：Berkeley Varitronics
Systems，www.bvsystems.com